먹던 거랑
먹는 와인

먹던 거랑
먹는 와인

야, 몰라도 마실 수 있어
그냥 먹던 거랑 먹으면 돼!

이영지 지음

Seasonal
Wine Pairing

레디셋

"이 와인은 뭐랑 먹어야 맛있어요?"

    평범한 와인러버나 입문자가 한 달에 경험하는 와인의 숫자는 서너 병이에요. 수십만 가지 와인을 판매하는 커다란 와인백화점이나 아웃렛에서 궤짝으로 와인을 사는 애호가도 많지만, 제 와인가게만큼은 한 달에 서너 병을 소비하는 사람들로 둘러싸여 있습니다.

    그래서 제가 가장 많이 듣는 질문은 "와인 맛이 어때요?"가 아니라 "이 와인이랑 뭐랑 먹어야 돼요?"였습니다. 주말에, 가족과, 남자 친구와, 바닷가 여행지에서, 캠핑장에서, 아빠 생일에, 이런 상황이 언제나 형용사로 따라왔습니다. 일상와인이지만 동시에 '일상을 특별하게 만들어주는 와인'이기도 하니까, 그 와인을 마시는 순간에 실패하고 싶지 않은 마음이 강렬한 거예요.

    우리는 수십만 가지 음식을 새벽에도 배송받을 수 있는 시대에 살고 있지만, 하늘의 별처럼 많은 와인 중 어떤 와인을 골라 그중 어떤 치즈에 먹을지 정답을 알 수 없습니다. 저는 "공부해서 스스로 사서 마시는 게 가장 좋다"라고 10년 넘게 권유했지만, 공부로 넘어간 분은 사실 거의 없었어요. 그러니까 결국 일상와인이란 어렵지 않게 고른 정답이었던 거죠. 그 정답으로 떡볶이스파클링과 만두화이트, 순대레드를 내놓으면 약 한달이 지나 그것을 경험한 고객들이 오케이 사인을 보내줍니다. 그 과정이 1년 넘게 반복되다 보니 이제는 "샌드위치화이트에 샌드위치가 들어가나요"라고 묻는 고객님들이 현저히 줄어들었습니다.

저는 제 직업을 '계절와인을 판매해 이달의 또렷한 미각을 파는 일'로 정의합니다. 꽃게찜화이트를 꽃게찜이랑 먹었던 지난해 9월이라든가, 방어스파클링에 방어회를 먹었던 올해 1월의 맛은 저를 순식간에 그 시간으로 보내줘요. 그 힘으로 남은 계절도 쌓아 올리고, 우리가 언젠가 서점이나 공원에서 만난다면 "그때 꽃게찜이랑 꽃게화이트 너무 맛있었지" 그런 대화를 주고받으며 영원한 시간을 살고 싶습니다.

세상에, 그러고 보니 지구상에서 완전히 사라질 뻔했던 일상와인은 1년 전 봄을 기점으로 기적적으로 부활해 이 책을 여는 첫 번째 이야기가 되어주었네요. 저는 처음 이 일을 시작했을 때의 마음으로 돌아왔고요. 비록 오래 헤매느라 지치긴 했지만 여의주 같은 이달와인 세 병을 고르는 감각만큼은 놀랍게도 흉터 없이 반짝이며 매달의 저를 새롭게 합니다. 그렇게 찾아낸 와인을 구매해 주신 분들에게, '여긴 뭐야?'라고 물음표를 띄울 낯선 분들에게 공평한 톤으로 계속해서 와인을 소개할 작정입니다.

우리 오래오래 같이, 먹던 거에 와인 마셔요!

our   salty   spicy   crean

목차

Chapter 4

테크닉

Chapter 5

속 시원한 와인 무뭌

Chapter

1

떡볶이와 와인의
상관관계

● 페어링 진입기(2004~2006)

저는 음식의 특징이 크게 두드러지지 않는 지역에서 태어났습니다. 문학 소녀였지만 요리에는 별다른 재능이 없었던 엄마 덕분에 (엄마 미안) 고향에서 살았던 열아홉 살 때까지는 음식에 대한 특별한 기억이 거의 없을 정도예요.

다이어트와 하이틴 소설에 매진하며, 어떻게 하면 공부를 안하고도 등수를 올릴 수 있을지 궁리하던 고등학생은 스무 살에 도시의 대학생이 되었습니다. 스타벅스 커피, 베니건스 몬테크리스토 샌드위치, pho라는 이름이 들어간 식당의 베트남 쌀국수를 맛보며 공산품 식사의 아름다운 맛을 빠르게 배워갔죠. 아빠에게 받은 용돈은 옷을 사는 것보다 커피와 샌드위치, 쌀국수를 사 먹는 데 더 많이 썼습니다.

스물네 살의 어느 날 영어로 말하는 도시에서 살아보고 싶어짐을 꾸리고 멜버른으로 날아갔어요. 유창하게 영어를 배워 오겠다고 거짓말을 한 뒤 부모님께 비행기값과 생활비를 받아 호기롭게 떠났지만 리틀콜린스 거리의 이탈리안 식당, 플린더스역 골목을 가득 채운 현란한 영어 메뉴판이 주는 이국적인 분위기를 보니 도저히 영어에만 매진할 수는 없었습니다.

그러다 빅토리아 마켓에서 헤어핀을 파는 한국인 사장님 가게에서 아르바이트를 시작했는데요, 몇 마디하고 시연을 보여주면 20달러에 머리핀 세 개를 사가는 활발한 소비문화에 반해 흥겹게 열심히 일했습니다. 다국적 아르바이생들이 열심히 일하니 사장님 자매는 우리를 한식당에 데리고 가 회식을 시켜주었어요. 기억 속 식당 이름은 '아리랑'이지만, 확실하지는 않습니다. 그날 밤, 스물네 살까지 맥주 한 모금 마시지 않으며 스스로를 '알쓰'라고 정의한 뒤 술에 대해 이상한 청교도적 고집을 부렸던 제 인생이 확 바뀌어버렸죠.

떡볶이, 제육볶음, 닭볶음탕 등 영혼의 음식들이 줄지어 나왔고, 사장님 언니는 와인을 가져왔다며 맥주잔에 한 컵씩 따라주었습니다. 싱가포르에서 온 미카엘라, 중국에서 온 쳉, 한국에서 온 민주 언니가 각자의 사사롭고 중대한 이야기를 떠들며 커뮤니티의 즐거움을 만끽할 때, 누구보다 말이 많았던 저는 구석에서 조용히 취해갔어요. 떡볶이와 와인을 너무 많이 먹고 마신 것입니다. 떡볶이 먹고 와인 한 모금, 제육볶음 먹고 와인 한 모금을 반복하다 보니 그렇게 되었습니다. 그 기분이나 상태를 '취했다'라고 표현한다는 것도 그날 밤 처음 경험해 보았어요.

그날 몇 블록 정도를 걸어 돌아가는 길에 깔깔 웃으며 갈지자로 걸었던 기억이 납니다. 하지만 어째서 그렇게 행복했는지, 어째서 그렇게 즐거웠는지 그날은 잘 몰랐어요. 그냥 술을 마시면 이렇게 되나보다 했죠. 한참 뒤에 알고 보니 페어링이라는 게 그렇게 무서운 영역이었던 것입니다. 한잔 마실 걸 두 잔 마시게 하는 일. 저는 지금도 장난스럽게 페어링을 그렇게 정의합니다.

아리랑 식당에서의 밤, 떡볶이와 모스카토 스파클링이라는 두 가지 영역이 '페어링'으로 제 인생에 안착했습니다. 그날 마신 와인을 나중에 추정해 보니 모스카토라는 청포도로 만든, 기포가 약간 있는 달콤한 스파클링와인이었습니다.

모스카토 스파클링을 매운 음식과 먹으니 맛있었다는 사실은 까마득히 모른 채, 단순히 그 와인만을 찾아다녔습니다. 콜스와 로드숍에 있는 와인숍을 두드리며 잘 되지도 않는 영어로 제가 마신 와인 맛을 설명했어요. 확신에 찬 지배인 할아버지가 추천한 와인을 손에 들고, 오늘은 찾았겠지 회심의 미소를 지으며 사우스뱅크 아파트로 가져왔던 와인의 이름을 여전히 기억합니다. 제이콥스 크릭의 쉬라즈였어요. 모스카토를 마시고 만취했던 학생이 경험하기에는 너무 쓰고, 독하고, 괴로운 맛의 레드와인이었죠.

지금은 쉬라즈에 대한 예찬을 책 한 권 분량으로도 쓸 수 있지만, 그때의 제가 쉬라즈의 매력을 알 리 없었습니다. 그동안 쌓아둔 경험치가 없으면 와인이 전하고자 하는 가치를 절대 알 수 없다는 걸 배운 공부의 시간이기도 했죠.

모스카토와 쉬라즈의 엄청난 간극 속에서 1년 동안 여러 와인을 전전하며 '아리랑 와인'을 찾아 나섰습니다. 1년이 지나 멜버른을 떠날 때는 그 독하고 쓴 쉬라즈가 삼겹살을 먹을 때 큰 즐거움을 주는 와인으로 색다르게 자리매김했습니다. 멜버른에서의 시간은 제 인생을 완전히 바꿔놓았습니다.

그래서 이 책의 방향은 '와인 구입 가이드'나 '와인 애호가의 에세이'가 아닙니다. 이 책은 같이 먹고 마셨을 때 일어나는 맛있는 이야기, 또는 맛없어지는 이야기를 전하기 위해 쓰게 되었습니다.

만약 떡볶이와 모스카토를 맛있게 마셨던 페어링 경험 없이 제이콥스 크릭 쉬라즈로 와인에 입문했다면, 계속 와인에 탐닉할 수 있었을까요? 아니라고 생각합니다. '와인은 쓴 술, 나는 역시 알쓰'라고 정의하고 무알코올 음료나 홀짝이며 무료한 30대와 40대를 보냈을 것 같아요.

이 책을 읽는 여러분의 일상에도 떡볶이와 모스카토 스파클링이 만나 일어나는 마법이 안착할지도 모르겠습니다. 제가 큐레이션한 일상와인을 단 한 번도 구매한 적 없는, 서점에서 이 책을 처음 발견한 독자분이라도 꼭 이 세계의 즐거움을 염탐해 보면 좋겠습니다. 지금부터는 오랜 시간 제 기억 속에만 쌓아둔 그 불꽃이 발생했던 맛있는 순간을 들려드리도록 하겠습니다.

페어링 이해기(2007~2011)

떡볶이와 모스카토 스파클링을 먹었을 때 매운맛이 누그러지며 매운 소스가 감칠맛으로 변화하는 과정을 에세이로 읽으면 흥미롭고 재밌지만, 그 과정을 '페어링'이라는 단어로 정의하는 순간 와인은 공부가 되고 어려워져요. 제가 만든 위키드와이프라는 일상와인 서비스는 그 이유와 과정을 전부 다 생략하고 '떡볶이스파클링', '순대레드', '꽃게찜화이트'라고만 압축해서 와인을 판매하는데, 그럼에도 와인에 접근하는 데는 아무 문제가 없습니다. 굳이 공부해서 와인을 마실 필요를 느끼지 못하는 고객들이 훨씬 많고, 굳이 그 페어링 논리를 세상의 문법으로 설명해도 반갑게 들어줄 분이 많지 않기 때문이에요.

고객의 입장에서 와인의 정체성에 해당하는 나라, 지역, 품종은 이해하고 외워야 하는 '공부'의 영역일 텐데요, 와인을 공부하며 스스로 선택하고 싶은 고객도 많지만 다른 쪽에 서 있는 분들도 많습니다. 정답을 알고 싶은 고객님들이죠. 와인 수업을 할 때는 배워서 구매하고 싶은 고객님들을 만났고, 지금은 정답을 가져가고 싶은 고객님들을 만납니다. 둘 다 맛있는 와인을 마시고, 실패하고 싶지 않은 마음에서 비롯된 만남이에요.

정기적으로 이달 와인을 큐레이션한 1년 동안, 꾸준히 이 서비스를 이용했던 고객님들에게 복잡하지 않고 어렵지 않게 일상와인과 음식 페어링 이야기를 들려드리고 싶었습니다. 페어링을 통해 발생하는 불꽃의 논리를 1분짜리 릴스 영상보다는 조금 더 긴 글로 전하고 싶었어요.

'떡볶이스파클링'의 정체가 무엇인지, 딱 한 가지 와인만 '떡볶이와인'이 될 수 있는 건지, 몬테스 알파는 '떡볶이레드'가 될 수 있는 건지, 떡볶이가 '떡볶이와인'을 만나면 어떤 변화가 일어나는지. 페어링의 결과를 한 단어로 표현한다면 그 변화는 보완인지 상승인지 자극인지. 이 실습을 어째서 지속할 수 있고 이 일은 왜 이토록 즐거운지 등을 이 책을 통해 전하고 싶었습니다.

대학 졸업쯤에 백화점 와인숍에서 아르바이트하며 누구로부터 월급을 받을지 미래를 고민하던 중 와인포털사이트의 구인 공고를 보고 지원해 지금도 구글에 검색하면 옛날 기사를 찾아볼 수 있는 '와이니즈'라는 회사에 취직했어요. 글을 쓸 수 있었고, 사람을 만나는 일이 어렵지 않았고, 쌀밥보다 와인에 탐닉하며 몇 년을 보냈던데다가 영어가 가능했기 때문에 회사 일은 즐거웠습니다.

당시 우리나라 경제 상황이 어땠는지는 몰라도 2009년 경제위기가 극심해지기 전의 1년 동안은 학동사거리를 비롯한 청담동 일대가 제게는 《위대한 개츠비》처럼 느껴질 만큼 화려한 구역이었어요. 선배들은 좋은 와인을 오픈하면 후배들에게 시음시켜 주고 싶어서 안달 났던 시절이기도 했습니다. 막내 기자였던 저는 와인을 마시는 자리에 가는 게 '돈을 버는 일'이라고 내심 흐뭇해하며 일주일에 일곱 번 와인을 마셨고 덕분에 와인 세계의 문법과 언어, 질서를 빠르게 익힐 수 있었어요.

특히 와인 메이커들이 수입사를 통해 한국을 방문했을 때, 오너의 철학을 직접 듣고 취재했던 인터뷰는 책에서 배운 것, 학교에서 배운 것을 뛰어넘는 엄청난 가르침을 주었습니다. 와인 메이커들이 자신의 와인을 소개하는 일련의 과정은 법칙이 있는 것처럼 언제나 한결같았는데, 땅에 대한 설명과 그곳에서 재배되는 포도의 특별함, 결과를 내기 위해 심혈을 기울인 노력의 순서였죠. 재미있었던 포인트는, 설명의 맥락은 비슷한데 그들이 가져온 세계 곳곳의 와인은 모두 맛이 다른 것이었습니다. 칠레 마이포밸리에서 만든 카베르네소비뇽과 남극에 가까운 카사블랑카밸리에서 만든 소비뇽블랑이 각각의 와인으로 느껴지지 않고, 국적과 성별, MBTI를 가진 사람으로 느껴지기도 했어요.

와인에 푹 빠져 공부와 놀이를 병행하던 때, 와인 메이커의 인터뷰가 끝나면 광장시장에 가서 녹두전에 칠레 카베르네소비뇽을 페어링해 보기도 하고, 장충동 족발집에 가서 소비뇽블랑을 맞춰보기도 했습니다. 일의 연장이라고 느껴지지 않았던 퇴근 후 놀이에서도 그들이 해준 말이 잊히지 않았어요.

"와인만 단독으로 마시는 특별한 경우가 아니라면, 우리는 음식을 정하고 와인을 찾아 나서. 와인을 정하고 음식을 고르는 경우는 거의 없어. 우리는 주인공이 아니야. 맛있는 식사를 빛내기 위해 곁에서 기다리는 게 우리의 일이야. 그리고 그게 순서라고 생각해."

이 말은 와인을 대하는 마음과 기준에 강력한 울림을 주었습니다.

● 페어링 실습기 (2012~2018)

"와인만 마시는 경우가 아니라면 음식을 먼저 정한다."

이 기준을 갖게 되니 한 권의 잡지를 만들기 위해 기획안을 내는 일도 좀 더 단순명료해졌습니다. 그때 저는 와인 구입 가이드, 와인 툴, 와인 메이커 인터뷰 외에도 음식과 와인의 어울림을 화보로 소개하는 꼭지를 맡고 있었는데, 와인을 주인공으로 두고 화보를 찍는 것과 음식을 주인공으로 두고 화보를 찍는 것은 아예 다른 일이란 걸 알게 되었어요.

정확한 기억은 아니지만 삼청동에 '루'라는 이름의 식당이 있었는데요, 전통 한식을 서양식 플레이팅으로 내놓는 곳이었어요. 간결하고도 군더더기가 없어 취재하면서도 참 멋진 곳이라며 감탄했던 식당이었습니다. 어떤 가을날, 그곳에서는 두부와 잣, 한약을 주제로 한 요리가 나왔고 준비해 갔던 깨끗한 화이트와인을 오픈해 맛을 본 뒤 화보로 완성했던 기억이 생생해요. 호주 쉬라즈나 칠레 카베르네소비뇽을 준비했다면 대판 싸우고도 남았을 요리들이었습니다. 샤르도네, 소비뇽블랑, 슈냉블랑의 나붓한 청포도가 음식을 맛있게 해줬고 계절을 기억하게 했습니다.

　그 후로도 저는 음식과 와인의 어울림을 화보로 만드는 일을 계속하며 서울에서 가장 많은 별을 달고 있는 호텔의 식당, 미슐랭 별을 달고 있는 로드숍 식당을 종횡무진했는데, 그때의 경험은 제게 떡볶이나 순대, 만두도 충분히 맞는 짝을 만날 수 있겠구나 하는 막연한 자신감을 심어주었답니다.

　이탈리아 팔랑기나 청포도로 만든 화이트와인을 들고 영암 어란이 반찬으로 나오는 백반집에서 점심을 먹던 날, 서해 꽃게를 먹으러 가서 이탈리아의 향긋한 로에로아르네이스를 마셨던 날, 횡성 한우를 불판에 구워 먹으며 미국 나파밸리의 카베르네소비뇽을 먹던 날, 장충동 족발집에서 소비뇽블랑을 꺼내던 날, 홍대 미미분식에서 포장한 떡볶이와 이탈리아 에밀리아로마냐의 람부르스코를 페어링했던 밤, 마트에서 사온 회 한 접시에 파스칼졸리베의 소비뇽블랑을 맞춰봤던 날. 이날들의 고기와 생선의 맛, 거기에 어울렸던 와인은 수년이 지나도 혀끝에서 생생하게 느껴집니다.

　그리하여 이번 책에서는 어느 평범한 미각을 가진, 와인을 좋아하는 한 사람이 수집해 둔 이야기를 지난 1년으로 압축해서 땅의 성분이나 돌의 이름을 빼고 이야기하고자 합니다.

　본격적으로 일상와인과 페어링을 이야기하기 전에, 도대체 어떻게 해서 '떡볶이와인'이라는 단어를 이렇게 당당하게 말할 수 있는지 그 과정에 대해서도 들려드리겠습니다. 다음 챕터에서는 떡볶이라는 단어가 정말 많이 나올 텐데, 다이어트 중이라면 일독은 내년으로 미루는 게 좋을지도 모르겠어요.

1. 순대와 쌩쏘레드
2. 매콤한 오징어볶음과 쌩쏘레드
3. 순대와 론블렌딩
4. 달래전에 소비뇽블랑
5. 연어초밥과 드라이로제

4

5

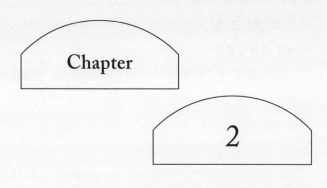

Chapter

2

페어링 본격 스터디

'페어링'은 아무 말 대잔치가 아닙니다. 촘촘한 논리와 연결고리를 통해 '단순해 보이는 결과'가 도출된 것이죠. 페어링은 와인 맛이 아닌 음식 맛을 정의하는 일부터 시작됩니다. 김치가 무슨 맛인지, 레몬은 어떤 맛인지, 짠맛은 무엇인지, 짠맛과 단맛이 섞여 있는지, 그렇다면 쏨땀은 어떤 맛의 조화인지. 이걸 인지하는 것부터 페어링이 시작됩니다.

음식 맛을 정의하면 거기에 어울리는 와인을 상상하고 논리와 공부에 근거해 맞는 와인을 샘플링하는 과정이 이어집니다. 물론 이렇게 샘플링한 와인이 항상 정답일 수는 없어요. 직접 먹고 마시는 실습이 더해져야 페어링 와인을 찾아낼 수 있어요. 이 실습을 통해 우리는 실패도 하고 성공도 합니다. 그 경험치를 통해 페어링 근육을 쌓고 나만의 아카이브를 갖게 되는 것. 그게 페어링이라는 커다란 서클이 우리에게 주는 즐거움이자 모험입니다.

● 떡볶이 맛 정의하기

누구나 좋아하는 떡볶이로 시작해 볼게요. 떡볶이의 맛은 어떻게 정의하면 좋을까요?

❀ 떡볶이는 맵다.

이렇게 단편적으로만 파악하면 어울리는 와인을 찾는 일도 단편적이게 됩니다. 매운 음식에 어울리는 와인을 찾으면 그만이

니까요.

✺ 떡볶이는 달기도 하다.

떡볶이는 대개 고추장, 고춧가루, 설탕 등으로 맛을 내는 음식
입니다. 이 배합에 따라 죠스떡볶이, 엽기떡볶이, 신전떡볶이가
미묘하게 결이 다른 맛을 내는 거죠. 엽기떡볶이와 짜장떡볶이
의 맛이 다르다는 것을 인지하는 것이 페어링의 시작이라는 뜻
입니다.

다른 음식도 응용해 볼게요.

✺ 만두의 맛은?

찐만두, 군만두에 따라 성질이 다른 만두가 됩니다. 찐만두에는
껍질을 튀기는 식용유 코팅이 없고요, 군만두는 그 코팅이 있
어요. 이 특징은 질감페어링에 영향을 줍니다. 고기만두, 김치
만두도 와인 선택에 영향을 주는데, 돼지고기 소 만두와 김치
소 만두에 어울리는 와인이 완전히 다르다는 게 신기하지 않나
요?

✺ 순대의 맛은?

단맛, 짠맛, 매운맛, 신맛으로 구분하기 어려운 음식이 종종 있
는데요, 이런 경우에는 그 음식의 가장 특징적인 부분을 끄집
어내면 됩니다. 저에게 순대는 텁텁하지만 묘한 감칠맛과 단맛

을 가진 음식인데요, 텁텁하다는 건 부정적인 표현이고 감칠맛은 긍정적인 표현이에요. 이 두 가지 포인트가 와인을 만나면 어떻게 변할지 궁금해지는 게 다음 순서로 뒤따라 붙습니다. 텁텁함을 사라지게 할까? 감칠맛을 끌어 올려줄까? 이 설정을 통해 그 역할을 해줄 '나라-지역-품종'을 가진 와인을 찾아 나서게 됩니다.

❋ 수박의 맛은?

달고 시원합니다. 수박이 가진 직선적인 단맛은 별다른 설명이 필요 없어요. 비슷한 단맛 와인을 찾아주면 되니까요. 물론 단맛을 가진 와인에도 여러 가지 레이어가 있어요. 상큼한 단맛, 꿀처럼 진한 단맛 등 계열이 어마어마합니다. 그중 상큼하고 가벼운 단맛 계열 와인이 수박과 가장 잘 어울립니다.

탕수육, 쏨땀, 초밥, 부침개, 삼겹살, 꽃게찜 등 모든 음식은 각각의 고유한 맛과 레이어를 가지고 있습니다. 이것을 펼쳐놓고 이해하는 것이 선행되지 않으면, 어울리는 와인을 찾아 나서는 모험은 나침반 없이 배를 출항하는 것과 똑같은 일이 되어버려요. 황금 섬에 가려면 배, 선장, 선원, 식량이 필요하겠죠? 나침반도요. 단단히 준비해 출항했는데 도착지가 황금 섬이 아닌 돌산일 수도 있습니다. 페어링도 이 과정과 비슷해요.

다행히 우리가 찾는 건 황금이 아니라 떡볶이에 어울리는 와인이라는 것. 음식의 맛을 정의하고, 그로 인해 와인이 어떤 역할을 해

줬으면 좋겠는지 머릿속으로 설정하고, 다양한 나라-지역-품종의 와인을 골라 실습을 통해 찾아보는 일. 그래서 저는 이 과정을 '모험'이라고 부릅니다. 그렇게 찾다 보면 떡볶이에 어울리는 레드스파클링 폭포가 흐르고 돛단배에 떡볶이 한 접시가 둥실둥실 떠다니는 맛있는 섬을 분명히 발견하게 될 거예요. 이 모험을 그만두지만 않는다면.

제일 중요한 것은 음식의 맛을 이해해야 와인 맛을 이해하는 각도를 갖게 된다는 점입니다. 음식의 맛을 들여다보고 정의할 수 있는 돋보기 연습이 끝나면, 그때부터는 와인의 포도(정체성)를 외워서 그 기반으로 음식과 와인의 연결고리를 상상하고 실습하는 순서가 이어집니다. 음식 맛도 구분하지 못하는데 와인 페어링을 얘기하는 식당이 있다면, 초등학교 1학년이 중고등학교 교과서를 하나도 배우지 않고 수능시험을 치고 있다고 생각하면 됩니다.

기본을 강조하는 이유는 또 하나 있습니다. 더 폭넓게, 다양하게, 자유자재로, 소믈리에나 시장자본주의의 질서와 상관없이 내 지갑 사정에 맞춰 내가 마실 와인을 직접 고르기 위해서입니다.

🫘 신맛, 짠맛, 매운맛 이해하기

2019년에 가로수길에서 문을 연 매장이 협소하고 답답해져서 2022년 2월에 성수로 이사를 왔어요. 지금 매장의 위치는 서울숲역 메가박스에서 (전)이마트 가는 길 왼쪽, 경일초등학교 맞은편에 위치해요. 층고 5미터의 널찍한 대로변 창고였는데, 발견하자마자 시원하게 트인 박스형 공간에 매료되었던 기억이 납니다. 가로수길 매장은 작은 데다 층고가 낮아서 원하는 와인 경험을 표현하는 데 한계가 있었거든요. 맛을 기반으로 쉽고 객관적으로 와인 페어링을 제안하고 싶었던 욕구는 성수 매장 오픈과 함께 분출하게 됩니다. 그작업 중 하나는 맛을 표현하는 요소로 로고를 작업하는 거였어요.

지금도 릴스에 등장하는 칠링백에 그려진 맛 도형 테이스팅잔이 그때의 결과물입니다. 별 모양 선으로 그려진 레몬색 도형은 레몬이나 자몽이 가진 신맛, 검은색 삼각형 라인에 검은 점이 콕콕 박혀 있는 도형은 소금의 짠맛, 모락모락 피어오르는 세 줄의 빨간색 라인 도형은 매운맛.

이외에도 단맛, 쓴맛, 느끼한 맛, 스모키한 맛, 일본 도쿄제국대학에서 1908년에 발표한 감칠맛 등 좀 더 구체적인 다른 맛들이 있지만, 가장 확실한 성질을 가져서 모든 음식에 빠지지 않는 가장 중요한 맛은 이 세 가지였습니다.

성수 매장 유리창에 이 로고를 필름 작업해 붙여두었는데, 빨간색 매운맛 도형을 붙이던 날 맞은편 경일초등학교 꼬마들이 "어, 여기 떡볶이집인가 봐"라고 눈을 동그랗게 뜨고 귀엽게 쑥덕거리는 걸 듣고 '성공했다'라고 생각했던 기억이 납니다.

❀ 신맛을 쉽게 이해할 수 있는 식재료에는 레몬, 라임, 석류 같은 과일이 있습니다. 와인에 이런 맛이 느껴지면 '산도가 있는 와인'이라고 표현해요.

❀ 짠맛을 쉽게 이해할 수 있는 식재료에는 간장, 된장, 명란, 바다에서 나는 굴이나 생선이 있습니다. 와인에 이런 맛이 느껴지면 '짠맛 뉘앙스가 느껴지는 와인'이라고 표현해요.

❀ 매운맛을 쉽게 이해할 수 있는 식재료는 고추장, 고추, 할라피뇨, 후추, 정향 같은 향신료입니다. 와인에 이런 맛이 느껴지면 '스파이시한 와인'이라고 표현해요.

❀ 단맛 재료는 너무 많습니다. 설탕, 꿀, 잘 익은 생과일과 말린 과일 등이 직관적인 단맛 재료들이에요. 와인에 이런 맛이 느껴지면 '스위트한 와인'이라고 표현합니다.

맛을 좀 더 능숙하게 다루고 표현하는 사람들은 음식이나 식재료가 한 가지 맛으로만 이루어지지 않았다는 것을 잘 알고 있습니다. 한 가지 음식에 한 가지 맛만 또렷하게 부각되는 경우도 있지만, 두세 가지 맛의 조합을 통해 완성되는 음식이 훨씬 더 많아요.

❀ 탕수육은 단맛과 신맛이 결합된 음식입니다. 거기에 끈적이는 소스의 질감도 간과해서는 안 되겠죠?

❀ 오징어부추전은 짜고 기름져요. 식용유가 더해준 미끌거리는 코팅 질감도 간과해서는 안 되고요.

❀ 태국식 파파야샐러드 쏨땀은 짜고 십니다. 거기에 파파야 과

육이 주는 아삭함이 더해졌다는 걸 간과하지 마세요.

이 과정을 통해 여러분은 세상에 존재하는 모든 음식의 맛을 정확히 정의할 수 있게 됩니다. 자, 이제 다음 단계는 이렇게 정의된 음식이 어떤 와인을 만나면 어떻게 될지 유추하는 과정이겠네요. 그 과정을 통해 찾아낸 와인을 실제로 맞춰보면 중화, 자극, 보완, 상승, 추락 중 무엇일까요? 그 결과는 비로소 그때야 드러나게 됩니다.

⬆️짠맛, ➡️매운맛
⬇️신맛

떡볶이를 와인과 먹으면
어떤 맛으로 바뀔까?

떡볶이와 순대, 만두의 맛을 정의했다면 그다음 순서는 그 음식과 와인을 먹었을 때 어떤 일이 발생하는지 상상력을 발휘해 보는 것입니다. 어렵지 않으니 천천히 읽어보세요.

✹ 떡볶이
맵고 단맛이 더 자극적으로 변하면 좋겠다 → 자극 페어링
매운맛이 부드럽게 순화되면 좋겠다 → 중화 페어링

✹ 순대
고유의 감칠맛과 후추 맛이 더 화려하고 진해지면 좋겠다
→ 증폭 페어링
특유의 텁텁함을 눌러주고 깔끔했으면 좋겠다 → 보완 페어링

✹ 만두
안에 들어 있는 소의 감칠맛을 배가시켜 주면 좋겠다

→ 증폭 페어링

만두피를 감싼 미끌미끌한 식용유를 깨끗하게 씻어주면 좋겠다

→ 클렌징 페어링

페어링에는 서로가 좋은 짝을 만나 상승하는 상승 페어링, 평범한 두 개의 요소가 만나 손을 잡고 앞으로 나아가는 동반 페어링, 음식이 가지고 있는 부정적인 요소가 보완되는 보완 페어링 등이 있습니다.

상상을 초월할 정도로 더 맛있어지면 증폭, 또는 신분 상승이라는 단어까지 사용하죠. 물론 부정적인 결과도 발생합니다. 떡볶이를 맛있게 해주는 매운맛과 단맛이 사라지고, 소주처럼 쓴맛만 남기는 와인도 있거든요. 그럴 때는 추락 페어링, 파멸 페어링 같은 거친 단어를 사용해요.

페어링의 정점은 신분 상승 페어링입니다. 대중이 신데렐라 드라마를 좋아하는 것과 같은 이치인데, 평범하고 볼품없는 주인공이 멋진 짝을 만나 예상치 못한 신데렐라의 삶을 살게 되는 거예요. 동화니까 가능했던 그 환상적인 만남이 와인 페어링에서도 가능하다는 걸 은유적으로 설명하는 이름입니다. 이런 만남을 우리가 일상에서 먹고 마시는 음식과 와인에서 발견할 수 있다면, 그 페어링이 한 끼의 식사를 기억하게 해주는 힘은 상상을 초월할 정도로 행복한 일이 됩니다.

● 살면서 알아두면 좋은
포도 이름 20개

아래 목록에는 만두화이트나 김밥스파클링 같은 재밌는 단어가 등장하는데, 만두나 김밥이 들어간 와인이라는 뜻이 아니라 만두에 어울리는 와인, 김밥에 어울리는 와인이라는 뜻이에요. 만두나 김밥이 가진 맛을 더 맛있게 해주는 와인의 이름을 나라, 지역, 포도 순서대로 기재해 두었습니다. 그냥 맛있는 걸 유레카 하고 발견한 게 아니라, 포도 고유의 특징으로 인해 페어링 연결고리가 발생한다는 걸 알려드리고 싶었습니다.

◆일상와인 별명의 진짜 정체성

만두화이트 포르투갈(나라), 비뇨베르데(지역), 비뇨베르데 블랜딩(청포도)

김밥스파클링, 후라이드치킨스파클링 스페인(나라), 카탈루냐(지역), 차렐로(청포도), 마카베오(청포도), 파렐라다(청포도)

갈비찜레드 호주(나라), 바로사밸리(지역), 쉬라즈(적포도)

올리브화이트 포르투갈(나라), 비뇨베르데(지역), 비뇨베르데 블랜딩(청포도)

삼겹살레드 이탈리아(나라), 토스카나(지역), 산지오베제(적포도)

소고기레드 이탈리아(나라), 시칠리아(지역), 네로다볼라(적포도)

옥수수화이트 프랑스(나라), 루아르(지역), 슈냉블랑(청포도)

수박스파클링 이탈리아(나라), 피에몬테 아스티(지역), 모스카토(청포도)

떡볶이스파클링 이탈리아(나라), 에밀리아로마냐(지역), 람부르스코(적포도)

문어화이트 스페인(나라), 리아스바이샤스(지역), 알바리뇨(청포도)

순대레드 스페인(나라), 후미야(지역), 모나스트렐(적포도)

세비체화이트 이탈리아(나라), 시칠리아(지역), 카타라토(청포도)

복숭아화이트 이탈리아(나라), 에밀리아로마냐(지역), 트레비아노와 샤르도네 블렌딩(둘 다 청포도)

냉제육화이트 이탈리아(나라), 에밀리아로마냐(지역), 트레비아노(청포도)

포카칩스파클링 프랑스(나라), 샤르도네와 슈냉블랑 블렌딩(둘 다 청포도)

꽃게찜화이트 이탈리아(나라), 피에몬테(지역), 로에로아르네이스(청포도)

지코바피노 프랑스(나라), 남프랑스(지역), 피노누아(적포도)

토마토스파클링 이탈리아(나라), 에밀리아로마냐(지역), 람부르스코(적포도)

버터화이트 프랑스(나라), 남프랑스(지역), 샤르도네(청포도)

브리치즈레드 이탈리아(나라), 토스카나(지역), 멜롯(적포도), 산지오베제(적포도)

양꼬치레드 이탈리아(나라), 아부르초(지역), 몬테풀치아노(적포도)

굴스파클링 이탈리아(나라), 시칠리아(지역), 피노그리지오와 까따라또 블렌딩(둘 다 청포도)

샐러드화이트 이탈리아(나라), 아브루쪼(지역), 파세리나(청포도)

초밥화이트 프랑스(나라), 남프랑스(지역), 샤르도네(청포도), 소비뇽블랑
(청포도)

김치찜리슬링 독일(나라), 라인강(지역), 리슬링(청포도)

동파육레드 스페인(나라), 가르나차(적포도)

방어스파클링 호주(나라), 빅토리아(지역), 샤르도네(청포도), 피노누아(적
포도)

감바스화이트 포르투갈(나라), 비뇨베르데(지역), 비뇨베르데 블랜딩(청
포도)

스테이크레드 스페인(나라), 리오하(지역), 템프라니요(적포도)

과자포트 포르투갈(나라), 포르투(지역)

딸기스파클링 이탈리아(나라), 에밀리아로마냐(지역), 람부르스코(적포도)

트러플화이트 이탈리아(나라), 아부르초(지역), 트레비아노(청포도)

뼈찜레드 스페인(나라), 카베르네소비뇽(적포도)

통닭스파클링 이탈리아(나라), 시칠리아(지역), 샤르도네 블렌딩(청포도)

보쌈화이트 프랑스(나라), 랑그독(지역), 소비뇽블랑과 꼴롱바 블렌딩(둘
다 청포도)

만두레드 프랑스(나라), 피노누아(적포도)

이렇게 짝지어진 포도에는 '전형성'이 생깁니다. 엇비슷한 맛의
윤곽을 가진다는 뜻이죠. 독일 라인강 유역에서 리슬링으로 만든 화
이트와인은 나라와 지역, 포도 이름 명찰을 다는 순간 '전형적인 맛'
을 우리 혀에 띄워줍니다. 돈호프(와이너리)에서 만든 리슬링과 블루
넌에서 만든 리슬링은 분명한 차이가 있지만, 그건 한 반에 다섯 명

이 있는 사립유치원에서 자란 포도와 강릉 바닷가에서 하루 종일 뛰어노는 시골 학교에서 자란 포도의 차이지 '리슬링'이라는 포도의 정체성에는 아무런 변함이 없어요.

그 전형성을 이해하고 몇 번의 실습을 통해 맛의 윤곽을 내 것으로 만들면 리슬링이 칼칼한 한국식 매운 양념을 부른다는 것을 이해하게 됩니다. 이후부터는 리슬링을 자유자재로 가지고 놀 수 있게 되죠. 김치찜에도, 볶음김치에도, 순대볶음에도 페어링하면서 말이에요.

와인 클래스를 들었던 수강생 중에 "저 지금 이탈리아 여행 중인데 어떤 와인을 구매하면 되나요?"라고 묻는 분들이 있었습니다. 대부분의 선생님이라면 "반피의 브루넬로디몬탈치노를 구매하세요!"라고 족집게 선생님처럼 알려주겠지만, 저는 아무리 유명한 이탈리아 와인이라도 모든 가게에서 그 와인을 팔지 않을 수 있다는 걸 잘 압니다. 헛걸음할 확률이 높아요. 그래서 브랜드를 추천하는 대신 이탈리아-토스카나-산지오베제 포도라는 3단계를 알려드리고 있는데요. 이 짜임이 가진 맛의 전형성(새콤하고 산도가 있고 가벼운)을 이해하고 나면, 그리고 그 와인의 맛이 삼겹살이나 토마토파스타에 어울린다는 것을 인지하고 나면 불특정 나라를 여행할 때 와인 이름 대신 나라-지역-포도 이름으로 와인을 구매할 수 있습니다. 이게 훨씬 더 현명한 와인 쇼핑 방법이에요.

이 책에서는 그 전형성을 단순 암기가 아닌 날씨, 계절, 기분, 어울리는 음식을 통해 소개하려고 합니다. 다만 처음부터 나라-지역-품종을 너무 앞세우지 않고, 그 와인이 식탁에 오르도록 제 큐레이션을 이끌었던 계절 음식에 대한 이야기를 우선순위로 배치해 쉽게 읽히게끔 작업해 두겠습니다.

그리고 마침내 그 문장들을 통해 여러분의 위장에 만두화이트와 김밥스파클링에 대한 강렬한 허기가 발생하는 순간, 나라, 지역, 품종 이야기를 말미에 배치해 가볍게 공부하실 수 있도록 도와드릴게요. 음식과 와인이 만나 발생하는 계절의 울림들은 그 페이지의 문장과 단어 곳곳에 녹여두겠습니다.

다음 페이지 사진들은 페어링에 대한 책을 쓸 거라고는 상상도 하지 못했던 2017~2019년의 위키드 초반부, 이렇게 잘 어울리는 조합이 신기해 혼자 촬영해 두었던 페어링 기록들입니다. 다소 정적인 분위기의 사진들이라 요즘 제가 전개하는 무드와는 시간차와 온도차가 느껴지지만, 지금도 이 사진들을 보면 그때의 정성스러운 마음과 즐거운 애정이 고스란히 떠올라 가끔 디지털 무덤에서 꺼내보고 변하지 않는 것에 대해 생각해 보는 사진들입니다.

1. 그린 샐러드와 그린와인
2. 짜파게티와 리슬링
3. 토마토피자와 산지오베제

8. 툴루즈소시지와 쌩쏘레드
9. 찐빵과 샤르도네
10. 샤프란커리밥과 소비뇽블랑

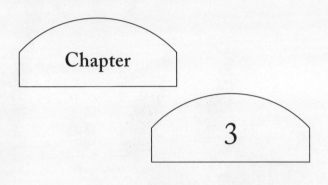

Chapter

3

일상와인 실습

4
월

April

비비고군만두 + 만두화이트
기본 김밥 + 김밥스파클링
갈비찜 + 갈비찜레드

$\longrightarrow$

● 비비고군만두 + 만두화이트

　　1년에 걸친 일상와인의 역사는 만두화이트로 시작합니다. 주변에서 만두를 싫어한다고 말하는 사람은 (저는) 살면서 한 번도 못 봤고, 저 역시 만두를 좋아합니다. 부모님이 빚어서 보내주는 두부가 들어간 심심한 만두, 비비고 왕만두, 몽중헌에서 먹는 딤섬, 일본 하라주쿠 골목에서 먹는 교자, 전부 다 좋아하는 만두 친구들이에요.

　　이렇게 다양한 만두는 각각 특징이 달라 와인 페어링에 영향을 주는데요, 식용유에 구워 바삭하게 코팅된 군만두인지, 스팀에 촉촉하게 익어 수분을 머금은 물만두인지, 브랜드에 따라 소의 배합을 다양하게 구성한 대기업 만두인지, 심지어 만두, 딤섬, 교자인지에 따라 페어링이 미묘하게 달라집니다. 하지만 그 넓은 만두의 우주 속에서도 언제나 정석인 만두 페어링이 존재합니다.

　　그중 제 주위 사람들 모두가 오랫동안 질리지 않고 사랑했던 만두는 비비고 왕교자였는데요, 돼지고기로 속을 꽉 채우고 채소를 굵직하게 다져서 식감이 좋고, 굽다가 물을 살짝 붓고 뚜껑을 덮어 익히면 바삭함을 유지하면서도 촉촉해서 한번 먹기 시작하면 다섯

개 이하로는 멈출 수가 없었습니다.

바로 그 만두에 어울리는 와인이라니, 가게에 들어온 손님들이 와인 이름을 읽다가 침을 꼴깍 삼키지 않았다면 그건 더 이상한 일이겠죠. "와, 만두와인이래!" 지인을 따라 입장해 이곳을 전혀 모르는 손님의 목소리가 항상 더 크게 들렸습니다. 그 감탄사를 들으면 저는 이때다 하고 대화에 개입했어요.

"만두가 맛있긴 한데 먹다 보면 물리는 포인트가 생기거든요? 그때 그 미끌거리는 식용유 코팅을 싹 씻어줘서 물리지 않게 해주는 와인입니다."

이 문장을 어찌나 자주 말했는지 꿈을 꿀 때도 이 순서대로 말할 수 있었어요. 2025년을 기점으로 매장은 완전히 무인숍으로 전환했기에 이제 손님들의 대화를 들을 기회는 없지만, 제가 불러드린 그 맛있는 문장을 통해 손님 두 분이 눈짓을 교환하고 만두화이트를 꺼내 카운터로 가져오실 때의 희열이란. 식용유에 노릇노릇하게 구워낸 만두 껍질처럼 바삭거리는 행복이었습니다.

🝆

만두화이트의 정식 이름은 그린와인입니다. 그린와인은 직역하면 '녹색와인'이라는 뜻으로, 실제로 존재하는 포르투갈 북부의 마을 이름이에요. 마을 이름이 녹색와인이라니, 이보다 더 계절감을 표현한 지명은 세상에 없을 것 같습니다.

그린와인을 포르투갈어로 쓰면 '비뇨베르데'입니다. 이곳에서는 포도가 완전히 익기 전 조금 풋풋한 청포도의 상태일 때 포도를 수확합니다. 그리고 약간의 기포가 자글자글 깔려 있는 신선한 화이트와인으로 완성해요.

포르투갈을 여행하다 보면 모든 식당에서 수십 종류의 그린와인을 팔고 있어요. 잔으로 주문하면 커다란 잔에 와인 반 병 정도의 양을 콸콸 부어줍니다. 해적선에 탄 해적들이 럼을 마시는 것과는 다른 종류의 콸콸이에요.

옅은 녹색을 띤 투명한 주스 같은 와인이 다이아몬드 실 같은 자글거리는 버블을 뿜어내면 즉시 여행자는 포르투갈 바닷가로 떠나게 됩니다. 만두와 함께 먹은 만두화이트는 그곳에서 태어난 와인이었어요. 미끌미끌한 식용유 코팅을 싹 씻어주고, 꽉 찬 소와 채소의 감칠맛에 신선함을 선물해 주었습니다. 만두 한 개를, 두 개를 먹도록 도와주는 와인이었기에 영원히 냉장고에 가지고 있어야겠습니다.

● 기본 김밥 + 김밥스파클링

저는 너무 특이한 재료가 들어간 김밥은 불편합니다. 명란, 날치알, 오징어무침, 장어 등 눈이 휘둥그레지는 멋진 재료가 들어간 김밥보다는 엄마가 싸준 소풍김밥이 만족도가 훨씬 높아요. 제가 좋아하는 김밥집도 멀지 않습니다. 성수 로터리에 위치한 위키드 매장 바로 맞은편에 있는 성수우동의 김밥이 지리적으로나 기본기로 보나 항상 1등이에요. 택배를 포장하다가도, 와인카드 디자인을 잡다가도, 새로운 와인을 테이스팅하다가도 허기가 지면 달려가 김밥을 주문합니다. 단무지, 햄, 시금치, 따뜻한 밥이 돌돌 말려 한입에 쏙 들어갈 때, 그 순간에 먹고 싶어지는 와인이 김밥스파클링이에요.

다만 김밥와인을 찾을 때의 문제는 비슷한 지점에서 발생합니다. 단무지가 문제입니다. 구연산, 소브산칼륨, 치자황색소, 아황산나트륨이 배합된, 무지만 무도 아닌 그 약간의 인위적인 맛이 와인과의 연결고리를 끊어놓을 때가 많았어요.

4월의 인기 아이템이었던 김밥스파클링은 여러 가지 분식에 페어링하려고 시음했다가 우연히 발굴한 케이스로, 함께 주문했던 닭강정, 제육덮밥, 떡볶이를 제쳐두고 김밥과 멋지게 잘 어울렸습니다.

페어링 포인트를 들여다보았더니 김밥스파클링이 가지고 있는 거대하고 힘찬 기포와 쌉쌀한 자몽 과육 맛이 단무지는 물론, 참기름이 밴 온갖 재료를 전부 다 끌어안아 준 포용력 덕분이었어요. 김밥을 먹고 김밥스파클링을 한 모금 마시니 김밥과 와인잔이 빠르게 사라졌습니다.

특별히 와인 공부를 하지 않아도 누구나 맛있는 음식과 조화로운 재료에 대한 기본적인 감각을 가지고 있습니다. 꼭 미식을 공부한 사람만 맛의 계열과 연결고리, 결과를 이해하고 표현할 수 있는 건 아니에요. 그걸 어떻게 알 수 있냐고요?

여러 가지 음식을 늘어놓고 여러 가지 와인을 마시는 자리에서, 가장 빠르게 사라지는 음식과 와인의 순서를 보면 알 수 있답니다. 그게 가장 맛있는 조합이라는 걸. 포도 이름은 몰라도 우리는 분명히 아주 잘 느끼고 있습니다.

🌢

스파클링 세계를 분류하는 방법은 다양하지만, 가장 기준점이 되는 분류법은 나라입니다. 크게 프랑스, 이탈리아, 스페인, 독일로 나누는데요, 프랑스 샹파뉴에서 만들면 샴페인, 이탈리아 북부 베네토에서 만들면 프로세코, 스페인에서 만들면 카바, 독일에서 만들면 젝트라고 부릅니다. 같은 유럽이지만 나라에 따라 민족성과 외형이 다르듯, 이 네 가지 스파클링도 버블 빼고는 전혀 다른 물성을 가진 와인들이에요.

4월의 김밥스파클링은 카바였는데요, 카바는 탄산수 같은 힘찬 기포와 씩씩하고 역동적인 구조를 가진 와인입니다. 양조 과정의 복합성에 따라 더 섬세하고 샴페인 같은 카바도 존재하지만, 무적함대를 출시한 스페인의 스파클링이다 보니 어떤 명찰을 달고 있어도 멋진 콧수염과 카리스마를 뽐내는 힘찬 분위기는 카바만의 전매특허죠.

더운 여름, 한국에서는 와인 판매량이 저조해지고 맥주 판매량이 급등합니다. 하지만 일상와인의 매력을 충분히 알고 있는 우리 손님들과의 시간은 여름에 더 바빠지는 것 같아요. 김밥스파클링이 7월 말과 8월 초의 폭염을 폭포수처럼 위로해 준다는 것을 모두 잘 알고 있는 것 같습니다. 열대야를 대비하기에 좋은 와인이기도 해요.

이달의 와인을 구매한 손님들은 불현듯 인스타그램 스토리에 리뷰를 올리는데, 편안하게 은박지를 푼 김밥 한두 줄과 일상와인잔에 담긴 김밥스파클링이 있는 식탁 사진이 올라오면 제가 김밥을 싸드린 것처럼 그렇게 행복할 수가 없어요.

● 갈비찜 + 갈비찜레드

제게 갈비찜은 여러 가지 재료를 넣고 오래 푹 끓이기만 하면 된다는 생각이라 아주 편안한 일상 음식입니다. 고기에서 핏물만 빼내고 감자, 호박, 당근을 넣어 끓인 뒤 서양식으로 간을 하면 뵈프부르기뇽이 되고, 한국식으로 간을 하면 갈비찜이 됩니다. 두 요리는 비슷한 형태의 음식입니다.

역사책 속 조상님들이 놀라실 수도 있으니 한 줄 덧붙이자면, 뵈프부르기뇽의 핵심은 레드와인, 갈비찜의 핵심은 맛있는 간장이 겠네요. 저는 둘 다 넣어 국적이 없는 찜을, 하지만 맛있게 만듭니다. 국물은 자작하게 거의 없이, 약불로 두세 시간 끓여 액체의 단맛과 감칠맛을 쏙 흡수할 수 있게 넉넉히, 고기가 보드라워지면 우묵한 접시에 담고 와인을 꺼내요. 그때 제일 많이 손이 가는 건 카베르네소비뇽도, 템프라니요도 아닌 쉬라즈(적포도)로 만든 레드와인입니다.

검붉은 과일이 가지고 있는 더위에 잘 익은 단맛, 후추가 쏟아내는 매캐한 향신료 향, 혀를 꽉 조이는 타닌과 대조적으로 실크 같은 질감이 〈시바 여왕의 귀환〉의 첫 멜로디처럼 혀를 휘감아 황홀함을 주는 인상이 쉬라즈라는 포도의 정체성 되겠습니다.

지난해 테이스팅을 살펴보니 체리자두주스에 초콜릿과 감초, 아몬드 향이 조화로운 삼각형 하모니를 만드는 와인이라고 표현했네요. 텁텁하거나 거친 느낌 없이 "간이 잘 배었네!" 하고 무릎을 치게 만드는 맛의 레드와인이었습니다.

뭉근하게 끓인 부드러운 고기 한 점에 한 모금을 곁들이니, 입 안에서 이국의 향신료가 화려하게 피어올라 매혹당하지 않을 수 없는 만남이 되었습니다.

쉬라즈의 원산지는 프랑스 남부 론 지역입니다. 그곳에서는 영어 표기인 쉬라즈Shiraz가 아니라 쉬라Syrah라고 불러요. 론 지역은 제가 첫 직장에서 처음 다녀온 출장지라 애착도 많고 이곳에서 만들어지는 와인을 아주 깊이 짝사랑하고 있기도 한데요, 론강을 중심으로 북에서 남으로 길게 뻗은 지도는 북부와 남부를 크게 특징지어 구분합니다. 북쪽에서는 쉬라를 기반으로 순도 100퍼센트 세련된 신사 스타일의 레드와인을 만들고요, 남쪽에서는 쉬라, 그르나슈, 무르베드르 등 열 개도 넘는 포도를 섞어 시골스러우며 복합미 있는 레드와인을 만듭니다. 외동아들 쉬라와 13남매 장남 격인 쉬라를 비교할 수 있는 아주 흥미로운 산지예요.

저는 이 지역의 레드와인이 간장이 들어간 한식 요리와 아주 잘 어울린다는 사실을 여러 번 경험했습니다. 간장 불고기, 궁중 간장 떡볶이, 갈비찜, 산적과 너비아니까지도요. 재료가 소고기인지 돼지고기인지 밀가루떡인지 그건 중요하지 않습니다. 원재료를 뒤덮은 소스의 맛이 와인 페어링에 훨씬 더 강력하게 개입하거든요.

와인이 고기인지 고기가 와인인지 분간할 수 없는 페어링일 때 저는 둘을 하나로 봅니다. 그래서 이 꼭지의 작은 소제목이 증폭 페어링이고요. 뒤에도 그런 페어링이 몇 개 더 나온답니다.

5
월

May

그린올리브 + 올리브화이트
삼겹살 + 삼겹살레드
소고기구이 + 소고기레드

→

● 그린올리브 ＋ 올리브화이트

인생에서 가장 맛있는 올리브는 튀르키예 이스탄불에서 맛보았습니다. 시장의 올리브 가게에는 올리브 품종 이름을 분필로 쓴 수십 개의 오크통이 즐비했는데, 정제수가 들어가지 않은 생김치 같은 올리브라서 덜 짜고 더 신선했던 것 같아요.

서울에서는 신선하고 맛있는 올리브를 먹는 게 어려운 일이라는 걸 깨닫게 되자, 올리브를 조금 더 업그레이드해서 올리브화이트를 더 맛있게 먹어보자고 결심하게 되었습니다. 한번 만들어서 일주일, 열흘 정도 먹는 겉절이 같은 패턴이 재밌어서 '올리브김치'라는 별명도 붙여주었습니다. 처음에는 가로수길에서 운영했던 와인바(2019~2021년)의 저녁 서비스 안주로 만들었는데, 반응이 좋아 드레싱소스와 재료를 조금씩 수정해 튀르키예에도 그리스에도 없는 저만의 올리브김치를 만들게 되었어요.

이 레시피는 릴스에 올리고 몇십만 뷰를 기록한 히트 레시피이기도 합니다. 와인바 서비스용으로 만들 때는 보코치니 치즈를 넣었는데, 집에서 먹을 때는 하루 이틀 지나면 치즈가 둥둥 뜨는 게 보기

싫어서 제외했어요. 치즈 욕심을 버리니 오히려 신선함이 강조되어 더 좋은 레시피가 되었습니다.

핵심은 소스에 들어간 재료들의 배합입니다. 올리브오일의 부드러운 구조감에 산미 있는 비네거를 2.5~3배로 넣고 섞어준 다음, 꿀을 넣고 소금, 후추를 추가하면 올리브 과육에 스며들어 전혀 다른 맛을 내는 마법의 소스가 만들어져요. 거기에 반으로 자른 방울토마토, 다진 적양파(또는 셜롯), 셀러리를 넣어주면 하루 이틀 지나 맛있게 숙성됩니다. 부드럽게 뭉개지는 방울토마토와 올리브가 씹힐 때 올리브화이트 한 모금 마시고, 올리브화이트가 태어난 곳, 포르투갈 북부의 비뇨베르데 마을로 순간 이동해 보세요.

올리브김치

재료

+ 절임 올리브 1병
+ 방울토마토 250g
+ 셀러리 5대
+ 적양파 ½개
+ 로즈메리나 타임 약간
+ 소금, 후추 약간
+ 올리브오일
+ 화이트와인비네거(또는 애플사이다비네거)
+ 꿀(또는 알룰로스, 아가베시럽, 메이플시럽)

1 올리브는 물기를 제거한다.

2 방울토마토는 반으로 자른다. 토마토즙이 배면서 더 맛있어지니 꼭 잘라서 넣는다.

3 아삭한 식감 극대화를 위한 셀러리는 이파리를 제외한 대만 찹찹 잘라준다. 적양파는 작은 큐브 형태로 썬다.

4 로즈메리나 타임은 줄기째 넣는다.

5 올리브오일, 화이트와인비네거, 꿀의 조합은 1:3:0.3~0.5로 잡는다. 올리브오일 100g, 비네거 300g, 꿀 30~50g으로 변형하면 된다. 신맛을 좋아한다면 비네거를 늘려도 되고, 단맛이 필요하다면 꿀을 50g으로 잡는다. 핵심은 이 드레싱

의 경우 산도가 가장 킬포인트라는 것!

6 모든 재료를 섞어주고 소스를 부어 2~3일 기다리
면 올리브가 정말 맛있는 서양식 겉절이 같은 김치
가 된다.

4월의 만두화이트와 5월의 올리브화이트는 똑같은 그린와인이
지만 다른 맛을 가지고 있어요. 4월 화이트가 복숭아와 아스파라거
스가 사각거리는 식감의 와인이라면, 5월 화이트는 좀 더 튀어 오르
는 산도를 가진 청사과나 딜 계열 와인이었습니다.

와인은 나라와 지역, 품종에 기반한 술입니다. 같은 그린와인이
라도 피에르가 만든 와인과 마리아가 만든 와인은 조금씩 달라져요.
이란성쌍둥이 같은 개념입니다.

올리브김치에 산도가 높은 5월의 올리브화이트를 먹으면 입안
을 간지럽히는 섬세한 기포들이 합창을 합니다. 이것도 새콤하고 저
것도 새콤하고, 나른한 정신이 번쩍 깨는 비타민 잔치랄까요?

둘 다 정말 비슷한 계열의 와인이지만 정말 이상하리만치 확실
하게 다른 와인이기도 해서, 고객님들의 선택지를 볼 때마다 분석하
는 재미가 있었어요. 어떤 분은 4월 화이트만 내내 고집하셨고 어떤
분은 5월 화이트만 찾으셨습니다. 첫 주문은 보통 두병을 함께 주문
하셨고요. 이 미묘한 차이를 이해하고 선택할 수 있는 고객님을 보
유한 건 이 회사를 운영하는 아주 큰 즐거움입니다.

● 삼겹살 + 삼겹살레드

5월의 삼겹살은 한국에 사는 우리 모두를 들뜨게 하는 메뉴입니다. 바람이 살랑거리는 초저녁, 노포에 앉아 기름 뚝뚝 떨어지는 삼겹살을 구워 먹는다고 생각하면 한겨울에도 침이 꼴깍 넘어가요.

삼겹살은 고기 하나만 놓고 페어링을 얘기하기에는 복잡한 메뉴입니다. 쌈장, 고추장, 기름장, 소금, 와사비, 디종머스터드, 거기에 쌉쌀한 상추나 깻잎까지 모두 뒤엉키게 되니까요. 그래서 섬세하게 더듬어 무엇 하나 거슬리지 않는 삼겹살와인을 고민하게 되었습니다.

이달의 삼겹살레드는 고풍스러운 성이 그려진 두툼한 병에 와이너리를 상징하는 음각이 새겨져 있는 클래식한 와인이에요. 잔에 따르면 시골 항아리에서 걸러낸 포도주처럼 가볍고 맑은 무게를 가진 적색의 술이 찰랑찰랑 흘러나옵니다.

삼겹살에는 온갖 요소가 있지만 핵심은 역시 몇 점 먹다 보면 혀를 번들번들하게 코팅하는 돼지기름으로 인해 살짝 느끼해지는 순간이겠죠? 바로 그때 삼겹살레드를 한 모금 들이켜면 산뜻한 라즈베리 주스 같은 액체가 입안을 깨끗이 씻어줍니다. 아, 청량해라. 기분까지 산뜻하게 씻어주며 다음 고기를 먹을 수 있도록 도와줍니다. 이렇게 잘 어울리는 음식과 와인이 만나면 멈춤 버튼 없이 계속해서 서로가 서로를 상생하게 하는, 뫼비우스 띠 같은 페어링이 발생합니다.

삼겹살레드는 이탈리아 중부의 아름다운 토스카나에서 산지오베제라는 적포도로 만든 레드와인입니다. 산지오베제는 이 지역을 대표하는 스타급 포도로, 라틴어로는 '제우스의 피'라는 뜻을 가졌다고 해요. 제우스의 피에서 나는 맛을 상상하기는 어렵지만, 산지오베제가 맑고 투명한 라즈베리 주스 같은 와인인 것을 생각하면 '아, 인간의 피가 아니라 신의 피는 이런 맛이로구나' 하는 약간 괴기스럽고 명랑한 상상도 하게 됩니다.

산지오베제의 가장 큰 특징은 새콤한 산미예요. 산미 자체를 즐기는 토스카나 사람들에게 이 신맛은 부정적인 요소가 아니라 피로회복제 같은 즐거움으로 다가오죠. 하지만 묵직하고 파워풀한 호주 쉬라즈를 맛있다고 느끼는 우리나라의 일부 와인 애호가들에게는 이 새콤한 맛이 몸서리치게 느껴지는 경우도 있다고 합니다.

저는 갤러리아백화점 와인숍에서 약 8개월간 아르바이트를 했는데, 이탈리아 산지오베제로 만든 토스카나 레드와인을 권하면 "이탈리아 레드는 신맛이 나서 싫어요"라며 단번에 거절하는 분들도 많았어요. 그럴 때 이 아름답고 가벼운 술을 추천하는 속전속결 방법은 삼겹살입니다. 와인만 마셨을 때와 삼겹살과 먹었을 때 전혀 다른 와인이 되니까 같은 와인이 맞냐고 여러 번 되물어보실지도 몰라요.

● 소고기구이 ＋ 소고기레드

    지금의 성수 매장은 365일 24시간 무인숍으로 전환했지만, 2024년까지만 해도 저는 오후 1시부터 저녁 7시까지 매장에서 근무했어요. 인스타그램으로 페어링 콘텐츠를 발행하던 때라 카운터에 있던 저를 발견한 손님들이 무척 반가워해 주셨습니다.

    구매 목록을 정하고 방문한 분들이 대부분이었지만 "추천 좀 해주세요"라는 질문도 많이 받았는데요, 그럴 때 저는 "이번 주 저녁에 만들어서, 또는 배달해서 드실 음식을 정하고 질문해 주세요"라고 대답했습니다. 그래야 후회가 없다고도 덧붙였죠.

    제가 자랑스럽게 생각하는 일상와인의 시스템은 회사가 어느 정도 계절 와인 범주를 정해드리지만, 선택은 고객님들이 합니다. 보통 와인을 파는 매장에서는 고객이 점원에게 추천을 요청하면, 숙련된 점원이 그에 맞춰 추천 와인을 제안합니다. 직접 경험해 본 결과일 수도 있지만 기억과 지식에 근거해 제안하는 경우가 더 많아요. 제가 백화점에서 아르바이트했을 때도 그렇게 와인을 추천했습니다.

그런데 저는 직접 해보지 않은 페어링은 추천하지 않기로 마음먹었습니다. 고객과 점원의 와인 언어는 범위가 너무 다르거든요. 대신 어떤 음식을 드실지 질문해서 답을 얻어냅니다. 그런 질문을 들으면 모든 음식을 차려놓고 만찬을 드실 것처럼 열의에 차 있던 고객님도 살짝 흥분을 내려놓고 정직한 대답을 내놓습니다. 양념치킨, 떡볶이, 보쌈, 부침개 등 음식을 알려주시면 와인 추천은 훨씬 쉽고 정직해집니다. 다만 양념치킨에 어울리는 와인이 없을 때 끼워맞춰 보쌈화이트를 추천하는 일은 유의했습니다. 그건 거짓말이라고 생각하거든요.

이렇게 지속하다 보니 불과 1년 만에 가게가 부쩍 성장했습니다. 결과를 놓고 보니 음식 없이 와인만 드시는 고객님보다는 페어링을 기반으로 와인을 구매하는 고객님이 더 오랫동안 저희의 고객이 되어주셨습니다. 그 구매는 재구매로 이어졌는데요, 2025년 3월 기준으로 1년이 되지 않은 서비스 상품의 누적 구매 횟수는 최대 28회, 적어도 5회 이상인 고객님을 수백 명 확보하게 되었습니다.

그 고객님들은 스스로 와인을 결정하는 근육을 갖게 되었는데요. 장바구니를 살펴보면 더 정확히 알 수 있습니다. 한 달 와인 큐레이션 숫자는 세 병이지만, 어떤 분은 김밥스파클링만 세 병을, 어떤 분은 김밥스파클링과 버거화이트, 삼겹살레드를 골고루 한 병씩, 어떤 분은 보쌈화이트만 여섯 병을 주문하기도 했어요. 내가 어떤 와인을 좋아하는지, 어떤 음식을 먹을 예정인지, 분명히 생각하고 결정하는 구매를 바라보는 기분이 참 보람 있었습니다.

그래도 다 소용없고 "샐러드 먹을 건데 저는 화이트는 싫어하니까 파워풀하고 묵직한 레드를 내놓으세요!"라고 요청한다면, 저는 정중하고 다정하게 "그럼 구역질이 나오실 텐데요"라고 답변드릴 자신이 있습니다.

💧

　2024년 5월의 매대에는 소고기레드와 삼겹살레드가 나란히 진열되었습니다. 그 분류가 손님들에게는 재밌게 느껴졌던 것 같아요. 실제로 두 와인은 역할이 전혀 달랐습니다.

　그달의 소고기레드 정체는 삼겹살레드와 같은 나라(이탈리아)에서 왔지만, 동네가 달랐어요. 저 아래 남쪽 시칠리아섬에서 태어났고, 유전자는 네로다볼라라는 이름의 적포도였습니다. 새콤하고 투명한 루비 같은 산지오베제와 달리 화산섬의 특징이 배어들어 약간의 스모키와 후추, 가죽 향을 가지고 있는 레드와인이에요. 지금은 품절되어 제 기억 속에서 아득한 와인입니다. 이국적이고 화려한 향을 가진 와인인데, 그렇다고 입안에서는 무겁게 떨어지지 않아 혀를 쥐락펴락했던 매력에 푹 빠졌습니다.

　스월링 몇 번을 통해 남자 향수 같은 아로마가 휘몰아칠 때, 잘 구워진 채끝 등심 한 점을 입에 넣으면 와인 한 모금이 마블링을 부드럽게 녹였어요. 그때 발생하는 버터 같은 감칠맛이 황홀해 고소함을 참지 못하고 연신 먹다가 5월은 소고기레드와 지나가 버렸습니다.

6
월

June

후라이드치킨 + 후라이드치킨스파클링
초당옥수수 + 옥수수화이트
수박 + 수박스파클링

→

● 후라이드치킨 + 후라이드치킨스파클링

"치킨스파클링도 아니고 후라이드치킨스파클링이요?"

긴 단어를 직접 발음하며 매장에 들어선 손님들의 표정을 보는 건 매장 근무의 즐거운 추억이었습니다. "네, 후라이드치킨스파클링입니다. 양념치킨이랑은 안 되고요"라고 답변했을 때 손님들이 즐겁게 킥킥대며 "양념치킨이랑은 안 된대"라고 다짐하듯 되뇌는 모습을 보는 일도요.

너무 많이 판매되어 준비한 재고가 동나자, 어느 토요일에는 다급히 문을 열고 들어와 후라이드치킨스파클링 페어링 릴스를 보여주며 "이거 없어요?"라고 재촉하던 표정이 기억날 정도로 인기가 많은 와인이었습니다. 그 와인을 넉넉하게 판매할 때는 이런 설명을 해드렸습니다.

"후라이드치킨은 껍질이 바삭하지만 기름기를 머금고 있어요. 닭은 촉촉하고 깨끗한 재료거든요? 이 전반적인 맛을 느끼지 않게 잘 잡아주면서 자글거리는 섬세한 와인 기포가 튀김의 바삭한 껍질과 비슷한 템포로 씹힐 때 재밌는 식감이 생겨납니다. 하지만 어떤 부분에서는 섬세하고 연약한 와인이라서 양념이 강한 치킨을 만나면 존재감이 완전히 사라질 거예요. 꼭 후라이드치킨과 함께 드세요."

가게를 운영하는 일이 모래가 손가락 사이로 빠져나가는 것처럼 허망해 때때로 절망적이었는데, 그로부터 한참 거슬러 올라간 2019년 9월에 가로수길 매장에서 똑같은 문장을 말하던 제가 떠올라 마음 한구석이 울컥 치밀어 오르기도 했습니다. 그때 믿었던 것을 여전히 믿고 있고, 그때는 누구에게도 닿지 않던 문장들이 지금은 손님들에게 당도해 의미 있는 시간을 같이 만들어 나가는 게 감사할 뿐입니다.

스파클링와인을 오픈하는 영상은 언제나 근사한 조회수가 나옵니다. 저 역시 제 이두박근의 근력을 신뢰하지 못하기 때문에, 스파클링 코르크가 펑 튀어 오르기까지 긴장된 제 표정은 언제나 우스워요. 저를 포함한 제 주변 여자 친구들에게 스파클링 오픈은 숙제입니다.

몇 가지 팁을 드릴게요. 우선 스파클링와인은 병이 흔들리며 이동한 직후 오픈하면 무시무시한 속도로 거품과 함께 쏟아집니다. 꼭 세워두고 20~30분 정도 안정적인 시간을 가진 뒤 오픈해 주세요. 마개는 뽑아내는 것이 아니라 비틀어 빠져나오게 해야 하는데, 한 손으로 병의 바닥을 잡고 다른 손으로 코르크를 뽑을 때는 심리적인 부담감이 상당합니다. 저는 한 손으로 병의 바닥 대신 병목을 잡는데, 이게 훨씬 안전했어요.

어떤 코르크는 돌덩이처럼 꽉 끼어서 미동도 하지 않는 경우도 있습니다. 안에 가둔 기포의 압력이 그만큼 강하다는 뜻이니까, 손으로 잡고 유지하다가 슬슬 스스로의 힘으로 나오려고 할 때 3분의 1 지점부터 힘을 줍니다. 마개가 튀어 오르지 않고 푸슉 소리와 함께 슬그머니 빠져나오도록 유도해 주세요.

이때 힘 조절을 잘하지 못해서 펑 소리가 난다고 해도 무안한 일은 아닙니다. 하지만 힘 조절을 완벽히 해서 점잖게 빠져나오면 칭찬의 박수를 보내주세요. 스파클링와인은 슬픈 날보다는 대부분 좋은 날에 마십니다. 그래서 그걸 마시는 사람들의 표정에는 환호와 즐거움이 있지요. 부주의한 동작으로 누군가 다치지만 않는다면 그 자리에서 일어나는 모든 일은 다 괜찮습니다.

● 초당옥수수 + 옥수수화이트

가로수길에서 와인바를 운영하며 가장 후회했던 일은 음식점 운영에 충실하지 않고 배달이나 와인 정기구독 같은 부가적인 서비스를 도모하려고 했던 일입니다. 물론 그때의 고생은 지금의 서비스를 할 수 있는 초석이 되었지만, 되돌아갈 수 있다면 식당 영업에만 충실해야 했습니다. 사람은 여러 가지 일을 할 수 없고, 특히 벌여놓은 일을 완성하지도 않고 문어발식으로 펼쳐놓은 다음 일을 해내려 할 때는 체력과 집중력을 잃기 마련입니다.

코로나 위기가 있기는 했지만 작은 가게 하나 제대로 운영할 수완이 없었던 능력 부족을 탓하며 5월 한 달 간 가로수길 매장을 내팽개치고 제주로 도피했습니다. 물론 도망가도 나아지는 건 없었어요. 그 아름다운 제주에서도 멍하니 숲길을 더듬어 다니며 아무런 해결책도 찾지 못하고 한 달을 보냈습니다.

절망으로 가득했던 한 달 동안 유일하게 남은 아름다운 기억은 초당옥수수였어요. 제주의 남쪽에는 20대 때부터 인연을 이어온 라바북스 사장님이 있어서 심심할 때면 차를 몰고 위미리로 가서 자주 함께했습니다. 저녁도 같이 먹고 소규모 와인 강의도 하고 옆의 술집에 가서 와인도 마시고 거기서 알게 된 친구 집에 가서 기타도 치고 라이브도 하며 겉으로는 멀쩡한 휴식의 시간을 가졌어요.

아, 글쎄 거기서 산타할아버지가 실제로 존재하지 않는다는 것만큼 충격적인 사실을 알게 된 거예요. 초당옥수수가 강원도 초당에서 나는 옥수수가 아니라 '초초초 울트라 슈퍼 달콤한' 옥수수였다고요! 그것도 모르고 초당옥수수를 먹으며 계절마다 맛있는 감자와 옥수수, 알배기 가자미를 보내주시는 강릉 시댁을 생각했던 거죠.

덩어리로 보면 괴로운 시간이었지만 초당옥수수로 만든 샐러드를 위미리 친구들과 나눠 먹은 추억은 창업 3년 차 데스 밸리에서 허우적대던 자영업자에게 살아남을 구멍 같은 행복을 선물해 주었습니다.

초당옥수수를 활용하면 샐러드를 만들 수도 있고, 솥밥을 지을 수도 있고, 파스타나 라자냐 같은 요리에 토핑으로 쓸 수도 있더군요. 엄숙한 표정의 얼굴 스케치가 그려진 6월의 옥수수화이트는 초당옥수수가 가진 달콤한 수분을 폭 감싸안으며 입안에 오크의 단맛을 더해주는 와인입니다. 너무 인기가 많아 그달에 준비했던 수량을 전부 다 판매하고, 지금은 제주의 봄과 연결해 상상으로만 기억하는 와인이 되었답니다.

6월의 옥수수화이트는 품절되었지만, 국내에서 구할 수 있는 최고의 옥수수화이트를 '나라-지역-품종' 세트로 하나 소개하겠습니다. 바로 프랑스 루아르 지역에서 슈냉블랑 청포도로 만든 화이트 와인입니다.

슈냉블랑은 제 기준 가장 완숙미 있고 우아한, 고급스러운 이미지의 청포도입니다. 첫맛도 차분하지만 시간이 흘러 숙성된 후에 꺼내면 황금빛 액체가 매끌매끌하게 빛나는 완숙형 화이트입니다. 와인바에서는 초당옥수수솥밥을 지어 슈냉블랑 한 병과 함께 팔았습니다. 다 먹을 수 있을까 걱정하던 분들도 솥의 바닥까지 긁어가며 한 병을 다 비웠고, 밥과 옥수수가 주는 든든함 덕분에 취한 손님은 한 명도 없었습니다.

올해의 봄과 여름에도 옥수수를 툭 잘라서 알갱이를 훑어낸 뒤 맛있는 슈냉블랑을 찾아 봄을 축하하고 싶습니다.

초당옥수수 샐러드

재료
+ 초당옥수수 1개
+ 캔올리브 10알
+ 적양파 $\frac{1}{5}$개
+ 할라피뇨 4개
+ 올리브오일 2T
+ 소금, 후추 약간

1 옥수수는 반으로 자르고 수직으로 세운다. 칼날을 위에서 아래로 대고 옥수수 알갱이만 훑어 한 면을 자른다. 서너 번 반복하면 전면을 훑을 수 있다.

2 올리브, 적양파, 할라피뇨는 전부 다진다. 너무 으깨지 말고 식감을 유지한 입자로 다지는 게 관건.

3 옥수수알갱이와 채소를 모두 볼에 넣고 올리브오일과 소금, 후추를 듬뿍 뿌린 뒤 맛있게 먹는다. 초당옥수수와인과 함께.

슈냉블랑은 프랑스를 정면으로 바라봤을 때 왼쪽 중앙쯤 위치한 루아르 지역을 대표하는 청포도입니다. 루아르는 프랑스에서 가장 긴 강의 이름이기도 한데, 프랑스 중앙까지 흐르는 그 강을 중심으로 형성된 아름다운 계곡에 고성들이 존재합니다.

뉴질랜드 슈퍼스타 청포도의 원조인 소비뇽블랑, 코코 샤넬이 태어난 앙주소뮈르 지역의 서늘하게 세련된 카베르네프랑 모두 압도적인 포도지만 비교할 수 없는 독보적인 포도 이름을 꼽자면 확실히 슈냉블랑인 것 같아요.

달콤하게 익은 농도 짙은 슈냉블랑에서는 꿀 향기가 납니다. 거기에 흰 꽃, 복숭아의 과실미가 더해져 우아하면서도 화려한 분위기를 연출해요. 샤르도네가 전 세계를 모두 아우를 수 있는 할리우드 배우 같은 위치에서 인기를 얻었다면, 슈냉블랑은 고급스러운 배역만 맡을 것 같은 특별한 배우의 와인처럼 느껴지기도 합니다.

잘 익은 슈냉블랑에서는 달콤하고 어지러운 옥수수 냄새가 나는데, 거기에 그뤼에르 치즈를 잔뜩 뿌린 솥밥을 페어링하면 그건 정말이지 형용할 수 없는 환상의 하모니를 만들어요.

단(맛)단(맛) 단단페어링

● **수박** + 수박스파클링

와인숍마다 손님들의 성향이 다르겠지만, 저는 위키드 손님들을 '세련된 미식가 손님'으로 분류하고 화이트와 스파클링을 압도적으로 판매하는 매장이라는 점에서 자부심을 느끼고 있었어요. 그런데 이런 선입견은 6월의 여름, 수박스파클링 한 병으로 격타당하고 말았어요. 모스카토다스티를 이렇게 선풍적으로 판매할 수 있다니, 너무너무 놀랐던 기억이 납니다.

저는 계절 과일이 시작되는 날을 기록해 둘 정도로 여름 과일을 설레며 기다립니다. 2024년 6월은 일찍부터 더웠는데, 금남시장에 수박이 나왔고 그 수박을 더 맛있게 만들어줄 수박스파클링을 냉장고에서 칠링하고 있었습니다. 그 와인은 수박을 3주 정도 기다리고 있었던 것 같아요. 진홍빛 수박을 와사삭 베어 물고 거기에 잘 칠링된 모스카토다스티 한잔을 마셨더니 입안이 그만 수박화채가 되었습니다.

크래프트 사이다네! 저의 솔직한 표정은 영상에 그대로 녹화되었고, 판매를 목적으로 올린 게 아닌데도 수박스파클링 구매 문의가 쏟아졌습니다. 그래서 아주 잠깐, 계획에도 없던 수박스파클링을 입고해 엄청나게 팔아치웠어요.

모스카토다스티라는 개념은 2005년 홈플러스 와인 코너에서 빌라엠으로 처음 접했습니다. 오묘한 마스크 형상의 라벨을 달고 있었던 것 같은데, 요정의 음료수가 있다면 이런 걸까 충격을 받았습니다. 그 후 책에서 모스카토다스티라는 항목을 배웠고, 그게 이탈리아 북부 피에몬테의 아스티라는 마을에서 모스카토 청포도로 만든 스위트 스파클링이라는 것을 알게 되었습니다. 팅커벨 음료수 같은 술로 알코올도수도 5퍼센트를 웃도는 귀여운 와인이에요.

🌢

세상에는 다양한 디저트 와인의 세계가 있습니다. 알코올도수가 낮고 청포도 사탕 같은 맛이 나는 모스카토다스티는 이탈리아 아스티 마을에서 모스카토 청포도로 만들어요. 같은 지역의 아퀴 마을에서는 브라케토 적포도로 레드스파클링을 만듭니다. 향긋한 장미 색깔의 술인데, 사전에는 없는 분류지만 저는 '장미스파클링'이라는 별칭으로 부르는 걸 좋아합니다.

포트와인은 포르투갈의 디저트 와인으로 영국의 상인들이 본토에서 마실 와인을 찾다가 발전한 와인입니다. 발효가 끝나기 전에 약간의 브랜디를 첨가해서 약술 같기도 하고, 위스키 같기도 하고, 검은 포도주 같기도 한 묘한 매력을 가지고 있어요.

독일 아이스바인의 핵심은 한겨울이 다 지나도록 포도밭에서 추위를 견딘 인내심입니다. 포도가 영하 8도 이하로 내려갈 때까지 포도밭을 지키다가 수화되면, 껍질 안에 농축되어 얼어 있는 수분과 얼지 않은 당분이 와인의 중요한 재료가 됩니다. 압착을 거치면서 얼음 수분이 제거된 아이스바인은 천상계 단맛을 갖게 됩니다.

디저트 와인에서 가장 중요한 항목은 프랑스 보르도 지역에서도 강을 낀 소테른에서 세미용 청포도로 만든 귀부와인(노블롯, 직역하면 귀하게 부패했다는 뜻)이에요. 두꺼운 껍질의 잘 익은 세미용이 밤의 습도와 낮의 건조함을 온몸으로 반복해서 받아내다가 보트리티스 곰팡이균으로 인해 독특한 풍미를 내며 부패합니다. 그때 그 안에 가둔 액기스를 발효한 와인이 이 지역의 유명한 귀부와인이에요. 로마네콩티만큼 유명한 샤토디켐이 가장 대표적입니다.

스트레스를 받는 예민한 날에는 일반 와인(스틸와인)이 가진 강쾌한 산도가 날카롭고 거슬리게 느껴질 때가 있어요. 그럴 때는 차갑게 칠링한 모스카토다스티 한잔을 마시면 기분이 나아집니다. 천국의 맛, 여름 과일의 시원한 과즙에 어울리는 맛을 가진 장난감 같은 와인이니까요. 반면 알코올도수가 높은 포트와인은 배부른 식사가 끝나고 잠들기 전, 작은 술잔에 한 모금 정도 먹기 좋은 밤의 단맛입니다. 귀부와인은 혼자 마시는 것보다는 여럿이 모여 잘 구운 케이크를 나눠 먹으며 마실 때 더 좋을 것 같습니다.

서울은 '단맛'의 영역을 약간 불량식품처럼 취급하는 분위기가 있는 도시지만, 모든 식사의 마무리에 아름다운 마침표를 찍어주는 통합으로의 한잔을. 디저트 와인 말고 무엇이 해줄 수 있을까요?

7
월

July

엽기떡볶이 + 떡볶이스파클링
문어감자샐러드 + 문어화이트
순대 + 순대레드

$\longrightarrow$

● 엽기떡볶이 + 떡볶이스파클링

일상와인 편집숍은 떡볶이로 시작해 떡볶이로 견인한 와인숍이라고도 할 수 있습니다. 떡볶이스파클링은 와인은커녕 맥주 한 모금만 마셔도 얼굴이 빨개지던 저를 위험에 빠트린 와인이기도 하죠. 언젠가 옥스퍼드사전에 등재될지도 모르는 이 신조어는 신기하게도 2017년 무렵부터 사용했지만 아무도 이의를 제기하거나 의아해하지 않는 설득력 강한 단어가 되었어요.

떡볶이에 어울리는 와인이 단 하나일 리 없습니다. 같이 먹었을 때 일어나는 변화가 부정적이 아니라면, 어떤 와인이든 떡볶이와인이 될 수 있어요. 하지만 저는 떡볶이와인만큼은 예외로 두고 딱한 개의 나라-지역-품종 세트를 선물해 주고 있습니다. 바로 이탈리아 북부 에밀리아로마냐에서 람부르스코 적포도로 만드는 레드스파클링와인이에요. 떡볶이스파클링의 주인공입니다.

단맛 나는 돌체냐, 드라이한 세코냐, 분명 각자의 특징은 있지만 전반적으로 람부르스코에는 단맛이 있습니다. 쓴맛도 있고, 신맛도 존재해요. 이 세 가지 맛의 삼각형 안에서 어떤 지점이 더 높은지

낮은지에 따라 최종 인상이 결정됩니다. 이 중 가장 흥미로운 맛의 꼭짓점은 단맛인데요, 샤인머스캣 계열의 단맛이 아니라 베리류의 단맛이라 새콤함과 쌉쓸함을 겸비한 맛입니다.

에밀리아로마냐의 포도밭에서 자란 람부르스코 적포도는 풍요로운 땅의 힘을 흡수해 온갖 아름다운 과일 맛, 땅 맛, 향신료 맛을 지닙니다. 그 수많은 요소가 람부르스코의 단맛에 복합적인 레이어를 제공하다 보니 이 지역의 맛있고 고급스러운 식재료와 부딪히지 않는 힘을 자랑하게 되었어요.

7월의 떡볶이스파클링은 빨간 라벨을 단 귀엽고 통통한 모양의 와인입니다. 체리, 자두, 버섯, 오키나와 흑설탕이 버무려진 조밀한 기포가 잔에 가득 차오르는 와인이에요. 엽기떡볶이, 신전떡볶이 등 자극적인 매운맛을 가진 떡볶이와 가장 잘 어울렸습니다. 몸부림치는 혀에 닿으면 부드럽게 눌러주는 중화 역할을 해주는 게 아니라 불난 데 부채질하는 어마어마한 자극 페어링이 발생하는데요, 우유가 아니라 콜라를 먹는 현상이 발생한다고 상상하면 됩니다.

"콧등에 땀이 송골송골하게 맺히면서 떡볶이와 와인을 끊임없어 먹다 보니 다음 날 얼굴이 통통 부어 있었어요"가 이 와인에 대한 리뷰 중 가장 많은 부분을 차지했어요. 이 와인을 만드는 에밀리아로마냐의 와인 메이커 친구 알레산드로는 언젠가 꼭 서울에서 떡볶이팝업을 하자고 저와 약속했습니다.

장화 모양으로 생긴 이탈리아에는 토스카나도 있고, 롬바르디아도 있고, 시칠리아도 있습니다. 그중 에밀리아로마냐는 장화 종아리 위, 알이 살짝 튀어 나온 위치에 있어요. 에밀리아로마냐는 대한민국으로 치면 전라남도를 담당하지 않나 싶습니다. 그 안에 맛있는 동네가 다 모여 있거든요. 볼로네제 라구 파스타의 어원인 볼로냐, 파르마 프로슈토를 만드는 파르마, 발사믹식초를 만드는 모데나, 파르미지아노레지아노 치즈를 만드는 레지아노가 기차로 30분 거리에 이어지는데, 이 문장을 쓰고 나면 배가 고파서 부엌으로 달려가 파스타를 만들지 않고는 못 배기게 만드는 집단 무의식의 미식 성지쯤 됩니다. 이 모든 재료를 통합해서 아우르는 이 지역의 포도가 있으니 그게 바로 람부르스코예요.

레드스파클링의 주재료가 되는 람부르스코는 행운이 따라 이곳을 세 번 방문했던 2018년에, 더 깊게 공부할 기회를 선물해 준 포도였습니다. 한 번은 람부르스코를 만드는 와이너리를 방문하는 출장이었고, 두 번째는 그곳에서 만난 볼로냐의 고풍스러운 빨간 벽돌에 반해 남편을 불러 여름휴가를 보냈고, 세 번째는 에밀리아로마냐주협회의 초청으로 모데나부터 파르마까지 주요 미식 산지를 둘러보는 출장이었습니다. 세 번의 연이은 방문으로 저는 이곳과 강도 높은 사랑에 빠졌고, 사랑하는 람부르스코와 떡볶이의 페어링을 보다 적극적으로 알리고자 마음먹게 되었습니다.

제가 판매했던 떡볶이스파클링에 반해 어느 겨울 크리스마스를 앞두고 여섯 병을 박스로 구매한 단골 고객님이 있었어요. 트렁

크에 실으며 아껴 먹어야지 하는 표정을 지으셨던 것 같은데 크리스마스 전날 여섯 병을 다 마셔버려서 숙취 때문에 너무 힘들다고 행복한 고통을 전해주셨던 기억이 납니다. 그 고객님은 여전히 저희의 일상와인을 구매하는 오랜 단골인데, 지금도 떡볶이스파클링을 올려두면 종종 구매하시고 저는 페어링의 행복을 같이 누리곤 합니다.

● 문어감자샐러드 + 문어화이트

문어감자샐러드는 스페인과 포르투갈의 평범한 식당 어디에서나 판매하고 있는 메뉴입니다. 감자를 익혀서 차갑게 식히고, 적당하게 데쳐 질기지 않은 문어를 섞고, 케이퍼 열매와 초록색 페스토를 버무려 먹는 우리나라 비빔밥 같은 메뉴예요. 바다의 재료에 탄수화물이 더해지고 신선한 페스토가 버무려지면 그 매혹적인 조합이 요리로 느껴지지 않고 술안주로 진화합니다. 그때 꺼내야 할 와인이 문어화이트죠.

문어화이트는 부드러운 유질감을 가진 화이트와인인데, 초겨울에 강릉에 계신 시부모님과 바닷가 대게식당에서 함께 마신 적이 있습니다. 1인 1게를 먹으며 문어화이트를 맥주컵에 따라 마시는데, 술은 한 모금도 못 한다고 손사래 치던 어머님이 무려 한잔이나 드시고 알 수 없는 이유로 깔깔 웃으셨던 와인이었어요.

저는 제가 판매하는 일상와인을 박스로 구입해서 마시는데, 솔직히 음식 없이 와인만 마실 때는 평범한 와인이라고 생각합니다. 그런데 재밌는 건 '페어링이 빛나는 순간은 어울리는 와인과 음식이 만나 평범한 두 사람이 주인공으로 날아오를 때'인 것 같아요. 로마네콩티와 에글리우리에 샴페인이 만나 합병하는 즐거움이야 연예인 결혼식처럼 찬란하겠죠. 반면 제주 사는 오애순과 양관식이 서로를 찾아내 봄여름가을겨울을 눈부시게 살아가는 이야기는 그들이 평범한 캐릭터였기 때문에 더 빛나는 것 같습니다. 그래서 일상와인은 단독으로 꺼내 마실 때는 별 매력이 없습니다. 문어화이트가 문어 요리를 만나고, 떡볶이스파클링이 빨간 떡볶이를 만날 때, 그때 가장 빛난답니다.

문어감자샐러드

재료
+ 문어 100g
+ 감자 1개
+ 케이퍼 조금(20g 정도)
+ 바질페스토 또는
  트러플페스토 적당량
+ 소금, 후추 약간씩

문어는 여러 유통사에서 자숙문어(데친 것)를 판매하는데, 번거롭더라도 한 마리를 사서 직접 데치는 것이 좋다. 유통되는 데친 문어는 이미 생물막이 형성되어 미끌미끌하고, 문어가 가진 깔끔하고 담백한 맛과 식감이 모두 사라졌기 때문이다.

1 문어는 잘라서 데치고 작은 조각으로 자른다.

2 감자는 손톱만 한 큐브 모양으로 잘라서 뜨거운 물에 익히고 다 익으면 찬물에 식혀둔다.

3 문어와 감자, 케이퍼를 섞고 바질페스토를 넉넉히 뿌려 버무린 뒤 소금과 후추로 완성한다.

문어화이트의 주체인 알바리뇨 청포도는 스페인 북서부 리아스바이사스를 대표하는 포도입니다. 중세 시대만 해도 귀족이나 수도사만 먹을 수 있었던 고급 와인이었어요. 이 알바리뇨라는 단어는 '라인강으로부터 온 청포도'라는 뜻인데, 추측하건대 프랑스 알자스 또는 독일 라인강에서 이동해 온 포도로 추정됩니다.

이 포도는 리아스바이사스의 구불구불한 해안선에 정착한 후 태생적인 짠맛을 갖게 되었어요. 거기에 라임의 초록색 신맛, 아카시아꽃 같은 잔잔한 흰 꽃 향이 더해져 알바리뇨의 모습을 완성했습니다. 바닷물처럼 미끄덩거리는 유질감이 포인트예요.

문어숙회 살점이랑 같이 먹으면 문어의 미끌미끌한 촉감에 감칠맛이 더해지고, 케이퍼나 파슬리가 더해진 유럽식 바다문어 요리에 곁들이면 알바리뇨가 원래 자랐던 바닷가의 짭짤한 바람이 이곳으로 불어옵니다. 그리고 우리가 머문 장소를 바다로 바꿔줍니다.

● 순대 + 순대레드

둥글둥글한 문장으로 와인을 설명하는 것처럼 보이지만 페어링할 때는 굉장히 뾰족해서 누군가와 함께 페어링하는 것을 가볍게 즐기지 못합니다. 집중력이 흐트러지기 때문이에요. 제 뾰족함은 "순대랑 와인이랑 같이 먹으면 맛있지"라는 말을 불쾌해하는 데서부터 드러납니다. 그런 말을 들으면 "어떤 순대랑 어떤 와인?"이라고 되묻습니다. 죠스떡볶이에서 출시한 배민용 매끈한 누드순대를 가볍고 청량한 뉴질랜드 소비뇽블랑에 페어링하면 최악입니다. 피맛이 흐르는 병천순대에 가볍고 시큼한 이탈리아 산지오베제를 페어링하면 와인의 존재감이 사라져요. 그래서 "어떤 순대에 어떤 와인?"을 붙이지 않고는 못 참습니다. 떡볶이스파클링을 간장떡볶이나 기름떡볶이에 먹으면 최악이라고 말하는 것과 같은 맥락이지요.

대개의 순대는 미국 나파밸리 샤르도네와 먹으면 어지러울 정도로 서로의 짝이 아닙니다. 순대와 프랑스 루아르밸리의 소비뇽블랑을 마시면 순대에서 소주 맛이 나요. 이탈리아 북부의 엷은 레몬색을 가진 평범한 피노그리지오를 마시면 와인의 존재가 온데간데

없이 사라지고요. 이렇게나 많은 언페어링이 있기에 순대의 매력을 증폭시킬 수 있는 올바른 와인이 필요합니다. 저는 그것을 찾아내 순대를 먹고 싶은 계절에 판매하는 일을 하고 있어요.

어떤 특정 음식이 와인과 어울린다고 말할 때, 저는 그 와인이 태어난 나라, 지역, 품종을 따져봅니다. 그리고 그 와인의 고유한 정체성과 맛의 기조가 정말 어울리는지 실습해 봅니다. 그것을 여러 번 거듭해 보니 스페인에서 모나스트렐로 만든 레드와인은 프랑스 부댕누아나 스페인 모르시야, 한국의 순대와 크게 부딪히지 않고 잘 어울리는구나 그런 결과를 얻게 되죠. "순대에는 와인이지!"는 거북합니다. "순대와 ○○지역의 ○○포도로 만든 레드를 마셨더니 ○○맛이 나서 나는 좋았어"라고 말할 수 있도록 이달의 순대레드를 확정하게 되었습니다.

페어링의 시작은 음식을 정한 뒤 음식 맛을 설정하는 것으로부터 시작합니다. 순대의 경우라면 순대의 맛을 정의하는 것이죠.

✻ 순대 맛은?
텁텁함 속에 감칠맛을 가지고 있으며 고기와 같은 풍요로움을 주는 미끌미끌한 소로 가득 찬 음식이다.

그다음에는 순대 맛이 어떻게 되기를 바라는지 상상을 통해 정리해 봅니다. 아직은 와인이 등장하지 않아요.

> → 순대가 가지고 있는 고유의 감칠맛과 후추 맛이 좀 더 화려해지면
> 좋겠다.
> → 순대가 가지고 있는 특유의 텁텁함이 가려지고 깔끔해지면 좋겠다.

이 두 가지는 전혀 다른 상상법인데요. 순대가 어떤 맛이 되기
를 원하는지 그 바람에 따라 와인은 완전히 달라집니다.

> → 진하고 풍미 있는 음식을 좋아하니까 와인을 만나 순대가 더 화려하
> 고 진해지길 바라.
> → 순대의 텁텁한 맛이 좀 내려가고 와인을 만나 가벼워지면 좋겠어.

와인은 이 순서에서 등장합니다. 그리고 첫 번째 와인과 두 번
째 와인을 완전히 다르게 골라두죠.

> → 순대가 진해지길 바랄 때 고르는 와인은 스페인의 흙 맛과 버섯 향
> 이 강한 모나스트렐이라는 포도로 만든 레드와인이야.
> → 순대가 가벼워지길 바랄 때 고르는 와인은 프랑스 남부의 후추와 가
> 죽 향이 강한 그르나슈라는 포도로 만든 레드와인이야.

7월에 고른 고풍스러운 보라색 라벨의 레드와인은 첫 번째 레
드였습니다. 모든 분식집에서 구색으로 매다 파는 적당한 표준형 순

대 한 알을 입에 넣고 오물거리다 이 순대레드를 마시면 입안이 검고 보드라운 흙밭으로 바뀌며 땅의 맛도 가져다주죠. 평면적인 분식집 순대가 벨벳 갑옷이라도 두른 것처럼 화려해집니다.

생선세비체 + 세비체화이트
치즈를 얹은 복숭아 + 복숭아화이트
냉제육페어링 + 냉제육화이트

$\longrightarrow$

● 생선세비체 + 세비체화이트

페루에서 탄생한 세비체는 해산물과 신맛, 두 가지 요소를 즐기는 사람이라면 사랑할 수밖에 없는 놀라운 메뉴입니다. 멀고 먼 남미에서 완성된 레시피지만 마음만 먹으면 오늘 오후에도 당장 만들 수 있는 간단하고 명랑한 메뉴예요.

세비체는 새콤하고, 산뜻하고, 정확한 정체성을 가진 해산물 요리입니다. 무기력해서 아무것도 하고 싶지 않을 때 세비체 한 점을 먹으면 활력이 솟아오릅니다. 더운 남미에서 늘어질 때 다시 영차 일어나라고 발전한 요리 아닐까 싶을 정도로요. 다른 건 몰라도 식료품 수납칸에는 세비체 소스의 핵심인 화이트와인비네거를 넉넉하게 보충해 둡니다. 올리브오일에 섞어 술술 뿌리면 가자미회든 광어회든 우럭회든 흰살생선을 산으로 살짝 익혀 꼬들꼬들하고 고소한 다른 요리로 맛과 식감을 바꿔주거든요.

세비체

재료

+ 광어회 100g
+ 적양파 $\frac{1}{4}$ 개
+ 드레싱
  (화이트와인비네거 60g,
  올리브오일 30g, 꿀 30g)
+ 소금, 후추 약간
+ 허브(딜) 적당량

1 적양파는 새끼손톱의 4분의 1 크기로 작게 다진다.

2 드레싱을 만들어 적양파를 섞는다.

3 작은 조각으로 다진 광어회에 **2**의 드레싱을 붓는다.

4 냉장고에 넣어 30분 정도 숙성한다.

5 그사이 흰살생선 살집이 산으로 익어 단단해지고, 쫄깃해지고, 드레싱을 흡수해 달콤하고 새콤해진다. 그 위에 이파리만 뗀 딜을 얹는다.

6 세비체화이트를 곁들여 이가 시리도록 새콤하고 쨍한 페어링을 즐긴다.

2024년 일상와인 큐레이션을 진행하면서 전에는 한 번도 들어본 적 없던 이탈리아 포도 이름을 두 개나 만났습니다. 하나는 세비체화이트인 키타라토, 다른 하나는 11월의 셀러드화이트인 파세리나예요.

와인 종주국인 프랑스와 이탈리아의 가장 큰 차이점은 포도에서 드러납니다. 프랑스에서 탄생한 카베르네소비뇽, 멜롯, 샤르도네는 전 세계로 진출해 이탈리아, 스페인, 호주, 뉴질랜드, 미국에 정착해 독자적으로 성장했기 때문에 '국제 품종'이라고 표현합니다.

반면 이탈리아는 철저하게 토착 품종으로 와인을 만드는 나라예요. 이탈리아 전역에 걸쳐서 수천 개도 넘는 토착 품종으로 와인을 만드는데, 네비올로, 산지오베제, 네로다볼라, 트레비아노 같은 토착 포도들은 주로 홈그라운드에서 활약하고 해외에 진출한 사례가 극히 드물기 때문에 '국제 품종'이라는 훈장은 받지 못했습니다.

그러다 보니 와인 공부를 열심히 했는데도 모르는 포도 이름이 불쑥 튀어나와 저 같은 와인 애호가를 깜짝 놀라게 합니다. 열정으로 가득한 이탈리아 친구들은 나고 자란 고향의 포도에 대한 자부심이 어찌나 높은지, 그 낯선 이름을 호들갑스럽게 부르는 것을 좋아하지 않습니다. 그래서 카타라토나 파세리나라는 포도를 샤르도네나 리슬링처럼 발음하곤 하죠.

그 자연스러운 자존감에 반하면, 신기하게도 이탈리아 포도만큼은 몇 번 들으면 금방 외워집니다. 수년간 마셨던 와인처럼 자연스럽게 대해지기도 하고요. 새콤한 세비체의 모든 응석을 받아주었던 이달의 카타라토 와인은 세비체에 지지 않는 산도를 가지고 있습니다. 동해의 미끌미끌한 바위에서 묻어나올 것 같은 짭짤한 맛도 함께요.

서울의 여름은 매년 더위를 갱신하지만, 그 시점 가장 무더웠던 2024년 8월 폭염을 잊게 해준 페어링으로 기억합니다.

● 치즈를 얹은 복숭아 + 복숭아화이트

2024년 4월부터 릴스를 시작하게 되었습니다. 가로수길 매장을 오픈할 때 반짝였던 페어링의 즐거움을 영영 잃어버릴 것 같다는 위기감이 엄습하던 날이었죠. 콘텐츠를 통해 페어링을 전달할 수 있을까? 이런 거대한 과제는 생각하지 않았습니다. 마지막 동아줄을 붙드는 기분으로 릴스를 시작했습니다.

초기의 영상을 보면 목소리 톤도 불안정하고 표정도 어색합니다. 자막도 음악도 영상도 엉망이어서 다시 보기가 어려울 정도예요. 하지만 이상하게도, 아무런 의미도 맥락도 없이 토마토만 볶는 영상을 찍을 때보다 즐겁다고 생각했습니다.

소믈리에가 와인을 잔에 따라줄 때의 행동, 와인 마실 때 후후 소리 내는 에티켓, 와인잔 고르는 법, 와인잔 닦는 법 등 처음에는 주로 와인과 관련된 기본 상식에 대한 영상을 만들었는데 어렵지 않게 몇만의 조회수가 나왔어요. 에티켓 정보를 드렸지만 성수에 있는 매장과 제가 큐레이션한 와인에 대한 질문도 조금씩 생겼습니다.

그러다 어느 날 치즈에 관한 영상을 올렸어요. 토마토와 우유,

허브가 들어간 빨간 치즈였는데 의미 있는 정보를 잘 소개했는지 계속 조회수가 올라가 지금은 400만 뷰가 넘었습니다. 제 계정이 알려지는 데 크게 기여한 영상이 되었고요. 그때는 이렇게 많은 분이 볼 거라고 생각하지 않았기 때문에 화장도 하지 않고 티셔츠를 입고 촬영했는데요, 저의 외모나 옷차림보다는 치즈를 좋아하는 진정성 있는 마음이 잘 전달되었기 때문에 지금도 꾸준히 뷰수가 나오는 콘텐츠가 되었습니다.

그날부터 촬영할 때마다 늘 쭈뼛쭈뼛하며 부끄러움에 숨던 저도 조금씩 자신감을 가지게 되었어요. 누군가 와인에 대해서 알고 싶어 하는구나, 치즈를 잘 모르는 사람도 많을 거야, 같이 먹고 마셨을 때 맛있는 게 어떤 건지 타인의 경험을 통해 들여다보는 독자들이 있구나, 이런 생각을 하며 9월에는 단 하루도 빠지지 않고 릴스 영상을 촬영했습니다.

특히 치즈를 소개하는 콘텐츠는 항상 반응이 좋았는데요, "어떤 치즈를 사야 할지 잘 몰라서 어려웠는데 추천 감사해요"라는 댓글이 제일 많았어요. 20대 중반 백화점 와인숍에서 아르바이트할 때 국내에 수입되던 모든 치즈를 살쪄가며 공부한 저는 모두 저와 같지 않다는 것을 뒤늦게 알게 되었습니다. 나를 살찌운 치즈 세포가 누군가에게는 정보가 될 수 있구나, 그런 생각으로 차곡차곡 치즈 영상을 만들었던 거죠.

나라와 지역, 품종에 기반한 와인 정체성이 존재하듯, 치즈에도 군집이 존재합니다. 부드럽고 보들보들한 생치즈, 흰곰팡이와 부드러운 속을 가진 연성치즈, 부드러운 듯 단단한 반경성치즈, 딱

딱한 경성치즈. 물론 가열, 비가열, 압착 등의 제조적인 분류도 있지만 와인과 함께 즐길 때는 생, 연성, 반경성, 경성의 분류만으로도 충분해요.

8월의 복숭아화이트는 이름은 달콤했지만 사실은 복숭아를 빛내줄 생치즈를 이야기하는 와인이었습니다. 매끄럽고 단단한 이탈리아 중부의 트레비아노 청포도로 만든 화이트와인에서는 복숭아의 과즙 향이 묻어나는데, 그렇다고 해서 바로 페어링하면 와인에 단맛이 없기 때문에 소주의 쓴맛으로 추락해 버려요. 그때 둘의 연결고리가 되어주는 것이 리코타치즈나 염소젖치즈 같은 부드럽고 짭짤한 생치즈입니다.

아직 무르익기 전의 딱딱한 복숭아 표면에 하얀 구름 같은 치즈를 한 스푼 떠서 올리고, 질 좋은 올리브오일과 소금, 후추를 넉넉히 뿌린 뒤 입안에 가득 넣습니다. 그때 복숭아화이트를 한 모금 마시면 나란히 손을 잡고 복숭아 과수원을 산책하는 그림이 그려지는 페어링입니다.

과일에 치즈를 더해 와인과 페어링하는 공식은 얼마든지 추천할 수 있습니다. 제가 추천하는 과일과 치즈 조합, 그리고 와인은 다음과 같아요.

 수박 + 페타치즈 + 이탈리아 사르데나에서 짭짤하게 익은 베르멘티

노 청포도로 만든 화이트와인

✹ 복숭아 + 염소젖치즈 + 이탈리아 중부에서 잘 익은 트레비아노 청포
도로 만든 화이트와인

✹ 참외 + 리코타치즈 + 이탈리아 북부 피에몬테에서 모스카토로 만든
모스카토다스티

✹ 딸기 + 미몰레트치즈 + 이탈리아 북부 에밀리아로마냐의 람부르스
코 적포도로 만든 레드스파클링

✹ 파인애플 + 쿰쿰한 에푸아스치즈 + 남프랑스의 더운 포도밭에서 자
란 샤르도네로 만든 화이트와인

✹ 홍시 + 푸른곰팡이 블루치즈 + 꿀처럼 끈적거리는 프랑스 보르도 소
테른 지역의 귀부와인

✹ 곶감 + 마스카르포네치즈 + 포르투갈의 검은 포트와인

● 냉제육페어링 + 냉제육화이트

종종 커다란 팝업을 치르는 성수 매장에 2024년 6월 큰 팝업이 하나 터졌습니다. 네 명의 셰프님과 함께 짐빔하이볼을 네 개의 주제로 페어링해 선보이는 팝업이었는데요, 그중 손님들은 물론 여러 회사에서 모인 스태프까지 전부 다 기절초풍한 메뉴가 하나 있었음을 이번에 고백합니다. 주인공은 바로 고수하이볼에 어울리는 냉제육! 저는 관계자다 보니 진짜 비밀은 냉제육이 아닌 걸 잘 알고 있었죠. 핵심은 효뜨네, 꺼거, 키보를 통해 진짜 아시아의 맛을 전하는 용산 프린스 남준영 셰프님의 '고수겉절이'였습니다.

고수를 먹지 못하는 분들은 이 페이지를 펴고 "나랑 안 맞네" 하고 책을 딱 덮으실 수도 있겠지만, 페어링이라는 게 진짜 어울리면 못 먹는 고수도 먹게 해주는 무서운 영역인 것입니다. 고수샐러드에는 풀의 이름을 잊을 만큼 맛있는 드레싱이 척척 뿌려졌습니다. 간장, 피시소스, 고춧가루, 설탕을 배합한 새콤하고 짭짤하고 달콤한 소스였죠.

그 소스를 뿌린 루콜라를, 고수를, 양상추를 한 젓가락 잡아 부드럽게 익은 돼지앞다리와 같이 먹으면 앉은 자리가 방콕 한복판으로 변했습니다. 고기는 거들었고, 드레싱은 알싸했고, 냉제육은 시원한 여름 방콕의 에어컨 바람처럼 불었습니다. 냉제육 고깃덩어리가 수비드되기를 기다리느라 한 달 중 서너 번 밤잠을 설쳤는데, 그 이유가 설렘인지, 식욕인지, 열대야인지, 저는 아직도 모르겠어요.

◐

이탈리아 중부를 대표하는 토실토실하고 복스러운 포도 트레비아노는 한참 뒤에 트러플화이트로 다시 한번 소개되는 주인공이기도 합니다. 저는 이 트레비아노를 마주할 때면 고민이 없고 자존감이 높은 포도라는 생각을 여러 번 했어요. 샤르도네는 너무 많은 얼굴을 가져야 하니까 K-장녀 같고, 소비뇽블랑은 잘 삐지는 구석이 있고, 리슬링은 표독스럽고 까칠하기도 하고, 슈냉블랑은 너무 우아해서 쉽게 장난치기 어려운 모습이 있는데 트레비아노만큼은 이탈리아에 사는 옆집 언니 같은 포도라고 생각합니다. 투명하고, 쨍쨍하고, 명랑하고, 건강해요.

전 세계에 존재하는 포도의 이름은 수만 가지가 넘고, 어떤 이름은 아이돌처럼 잘 알려져 있지만, 어떤 이름은 태어난 한 평 지기의 땅에서만 나고 살다 들꽃처럼 이름 없이 떠나는 포도도 있습니다. 어떤 이유로든 디저트 과일용 포도가 아니라 단 한 번이라도 포도주가 되어본 인생을 산 와인 포도의 아름다움이 놀라워, 저는 꼭 포도의 이름을 불러주고 있습니다.

그리고 그 포도가 종주국도 아닌 서울에서 얼마나 사랑받았는 지 알려주기 위해 별명을 붙여줍니다. 그래서 8월의 화이트는 '트레 비아노 청포도로 만든 냉제육화이트'가 되었습니다.

9월

September

오리지널 포카칩 + 포카칩스파클링
가을꽃게찜 + 꽃게찜화이트
지코바숯불치킨 + 지코바피노

$\longrightarrow$

● 오리지널 포카칩 + 포카칩스파클링

9월은 포카칩으로 점철된 초가을이었습니다. 포카칩스파클링에 대한 여러 가지 리뷰가 올라왔는데, 물랑루즈에서 캉캉을 추는 것 같은 경쾌한 와인이라는 평이 가장 좋았어요. 고상한 프랑스 스파클링이 포카칩을 만나 서로 무대에서 뛰어노는 합동무대는 판매자에게도, 소비자에게도 즐거움을 선사합니다.

상세 페이지에 적었던 설명을 그대로 인용하면, 이 와인은 파리 캉봉가의 샤넬 아틀리에가 문전성시를 이루던 1920년대의 자유와 낭만이 담긴 스파클링와인이에요. 오전 11시 가로수길의 (지금은 사라진) 르알래스카를 가득 채운 빵 냄새, 구수하고 구릿한 효모 냄새, 고소하게 으깨지는 아몬드 향이 첫 뉘앙스에서 부드럽게 치고 올라옵니다. 맛있는 산도, 풍성하고도 명랑한 버블이 터지는 속도가 일요일 오후 잠옷 입고 아무 생각 없이 먹는 맥도날드 프렌치프라이나 편의점 포카칩에 잘 어울려요.

포카칩은 김밥 편에도 소개했듯 멋 부린 버전 말고 편의점에서 파는 오리지널 버전이 좋습니다. 그대로 같이 먹고 마셔도 좋지만, 냉장고에 방치된 딱딱해진 치즈를 솔솔 갈아 눈처럼 뿌려주면 더 맛있고요. 밀가루 과자와 소금 맛을 보드랍게 감싸주는 스파클링이 과자와 함께 와사삭 부서지는 소리를 낼 때, 저는 그걸 행복이라고 표현합니다.

⬦

스파클링와인의 핵심은 기포입니다. 기포는 입안에 닿는 즉시 맛에도, 촉감에도, 여러 가지 방면으로 영향을 주는 요소예요. 기포를 무시하면 화이트와인과 크게 다르지 않기 때문에 화이트와인 취급을 해도 괜찮습니다. 하지만 혀에 닿는 즉시 토도독 터지는 그 귀여운 버블의 장난기를 무시하기란 쉽지 않을 거예요.

혀에 닿는 촉감도 촉감이지만 눈으로 바라보는 기포의 역동성도 스파클링와인을 마시는 큰 즐거움입니다. 그래서 스파클링와인을 마실 때면 기다란 플루트잔에 따라두고 한참을 감상해요. 기포의 크기는 어떤지, 수북이 쌓이는 만년설 같은 기포가 사라질 때의 속도는 어떤지, 그때의 소리가 폭포수 같은지 작고 간지러운지, 무엇보다 잔 안에서 얼마나 오랫동안 뽀글거림을 참고 있는지.

화이트와인잔에 따라 이 관전 포인트를 무시할 수도 있지만, 저는 아무래도 기다란 플루트잔에 따라 한 편의 캉캉을 감상하는 일을 좋아합니다. 고군분투하는 와인도 있고, 오래 머무르는 와인도 있고, 소멸되는 와인도 있습니다. 다만 그건 와인의 정체성을 이해하는 작은 요소일 뿐, 기포가 크고 거칠고 금방 사라지니 몹쓸 와인으로 취급하거나, 기포가 작고 조밀하고 오래 살아남는다고 귀한 와인으로 단정 짓는 건 참으로 섣부른 일이랍니다. 그 와인이 특정한 음식을 만나 빛나기 전까지는 누구도 그 와인을 함부로 평가할 수 없습니다.

● 가을꽃게찜 + 꽃게찜화이트

일상와인 큐레이션을 시작하고 자영업을 하느라 5년 동안 잃어버렸던 계절과 그에 따른 루틴이 되돌아왔습니다. 다시 찾아온 사계절은 황홀했습니다. 봄동, 주꾸미, 민어, 굴, 방어와 함께 흐르는 계절을 인지하고 일에 접목시켜 즐길 수 있는 꿈같은 날이 시작되었거든요. 4월의 김밥도 제게는 계절 음식입니다. 5월의 삼겹살이나 8월의 세비체, 9월의 꽃게찜도 계절 음식에 해당해요.

무인숍을 운영하기 전에는 매장 문을 열고 들어온 손님들이 이런 멋진 질문을 자주 던져주셨습니다.

"과메기에 어울리는 와인 있어요?" "방어 먹으려고요!" "오늘 저녁에 꽃게찜 만들 거예요." "올리브가 조금 있는데요."

이런 질문을 들으면 긴 시간 동안 전국 방방곡곡 맛집을 정하고 그곳의 음식과 함께 마시기 위해 와인을 쇼핑했던 어린 제 모습이 겹쳐집니다. 친구들과 차를 빌려 목포 영란횟집으로 떠났던 날, 토요일 오후라 동나기 전에 간신히 먹을 수 있었던 민어전과 부드럽고 유질감 있는 남프랑스 샤르도네 화이트, 영암의 백반집에서 어란을 쌀밥에 올려 먹으며 그 따뜻한 짠맛에 페어링했던 이탈리아 팔랑기나 화이트, 서해로 조개를 먹으러 가서 꺼냈던 이탈리아 프로세코 등.

그러다 보니 어느덧 바다의 재료가 말을 거는 선선한 가을이 빠르게 찾아왔습니다. 2024년 9월의 와인은 꽃게찜화이트였어요. 여유가 없을 때는 과자나 치즈 페어링만으로도 시간이 벅찹니다. 하지만 9월에 접어들며 계절 재료로 요리할 마음의 여유가 약간씩 되돌아왔습니다. 봄에 시작한 일상와인 페어링이 조심스럽게 앞구르기를 시작했거든요.

시작과 끝이 블랙홀처럼 느껴져 초조하고 불안하고 아무것도 제대로 해내지 못했다는 절망감이 어느덧 '1년은 고작 열두 달, 열두 개'라는 시간표로 전환되었습니다. 5년간 잃어버렸던 계절 감각이 돌아오자, 그것도 마침 9월이라니. 저는 꽃게와 와인을 먹고 싶어서 견딜 수가 없어졌습니다.

꽃게찜이 요리 관련 인스타그램 피드를 장악하기 전에, 발 빠르게 몇 킬로그램이나 되는 꽃게를 구매했습니다. 할 수 있는 모든 저녁 식사를 전부 꽃게로 먹어 치울 작정이었습니다. 꽃게를 잘 세척해서 찜기에 물을 붓고, 채반에 꽃게를 정렬시킨 뒤 화이트와인을 조금 부어 곱게 쪄냈습니다. 부드럽고 촉촉한 속살을 한입 먹을 때 차갑게 칠링된 꽃게찜화이트 한 모금을 마시니 가을 바다가 눈앞에 펼쳐지는 듯합니다.

꽃게찜은 이탈리아 피에몬테에서 로에로아르네이스 청포도로 만든 화이트와인과 함께 먹었습니다. 이 와인은 존 골즈워디의 소설 《사과나무 아래서》가 연상되는 동구밭 과수원길 같은 와인이에요. 친퀘테레 레몬, 바닷가 모래에 묻은 짠맛, 풍성하고 부드러운 질감, 레이스 같은 화사한 여운이 입안에 오래 남고 명찰에 달린 이름까지도 예쁜 와인입니다. 프랑스 비오니에 청포도와 비슷한 것 같지만, 달라요. 이 포도에는 짠맛이 담겨 있고, 그 뉘앙스가 해산물을 불러들입니다.

와인 교과서를 펼치면 '리구리아 해변의 도미찜과 페어링하라'라고 일러주는데, 큰 생선도 들어가는 찜기에 도미 한 마리를 넣고 화이트와인을 조금 부어 쪄내면 리구리아에 갈 필요가 없습니다. 눈감고 먹으면 그곳이 리구리아예요.

금어기가 끝난 가을 꽃게는 살이 꽉 차 있습니다. 꽃게찜화이트는 게살의 짠맛을 감쪽같이 단맛으로 바꿔줍니다. 올가을에는 또 어떤 꽃게찜화이트를 찾아 나설지, 봄에 글을 쓰면서 가을을 기다리고 있습니다.

● 지코바숯불치킨 + 지코바피노

정기구독 서비스를 통해 확장된 일상와인은 창업을 하자마자 코로나가 시작된 2019년 가을부터 고민을 거듭해 개시한 서비스였습니다. 제가 의미 있게 찾아낸 와인을 정기적으로 소개하는 일이 가능할 것 같아 세상의 문법을 통해 고민해 보았더니 '정기구독'이라는 영역에 딱 맞아떨어졌습니다. 그래서 정기구독이라는 키워드를 구글, 네이버, 유튜브에 검색해 신문구독처럼, 꽃구독처럼, 면도기구독처럼, 비타민구독처럼 서비스를 만들어보았습니다.

이렇게 정해진 와인을 송출하려면 상세 페이지가 필요하잖아요? 그 안에 어떤 내용을 담아야 하는지 아무리 유튜브와 구글을 검색해도 답이 나오지 않았습니다. 욕심껏 채용했던 디자이너와 머리를 맞대고 찾아낸 상세 페이지 문구는 '전문가가 추천하는 와인'이었어요. 하지만 그 페이지가 그다지 매력적이지 않았고 구매도 잘 일어나지 않았습니다. 기존 팬들이 구매해 주는 로열티 소비 말고, 일상와인이 소비자에게 절실하게 팔렸으면 하는 마음이었는데, 엎친 데 덮친 격으로 폭격을 맞는 부정적인 글이 하나 올라왔습니다.

"이런 쓰레기 같은 와인은 먹을 수가 없다."

이런 논조였습니다. 로마네콩티와 샤토디켐을 마시며 미각도, 감각도 제대로 훈련시킨 제게는 아주 충격적인 리뷰였습니다. 화도 났습니다. 그 레드와인은 3만 원이라는 가격을 믿을 수 없을 만큼 맛있고 아름다운 와인이었거든요. 라벨을 가리고 10만 원에 팔 수도 있는 와인이었다고 생각합니다.

하지만 옹졸하게 발을 구르며 그 포스팅을 올린 고객님을 미워할 수만은 없었죠. 그 고객님에게 그 와인이 쓰레기처럼 느껴졌다면 그걸 저희가 맞다 아니다 판단할 수는 없는 일이고, 누구든지 그렇게 리뷰할 수 있다는 사실을 받아들여야만 했습니다.

그때 저는 너무나 큰 충격을 받아 이 일을 지속할 수 없겠다는 공포까지 느꼈는데요, 반면에 이런 상황을 종결시키고 계절 와인의 의미를 전하고 싶다는 마음의 크기도 용수철처럼 튀어 올랐습니다. 당시 유채꽃 만발한 봄의 제주에서 참담한 마음으로 지내며 매일매일 초당옥수수샐러드를 만들다 말고 고민했습니다.

'방법이 없을까? 이 와인이 가진 평범한 특별함을 전달할 방법은 없는 걸까? 지코바치킨에 이 레드를 마시면 정말 상상 이상으로 황홀한데, 그걸 호소해서 파는 게 아니라 손님들이 설레는 마음으로 먼저 구매하게 하는 방법은 없을까?'

그러다 불현듯 세상의 문법을 따른 상세 페이지의 홍보 문구가 떠올랐습니다. '전문가가 추천하는 와인이라니, 이렇게 재미없고 신뢰가 가지 않는 문구는 또 없겠구나.' 섬광처럼 번뜩이는 문제점을 깨달았습니다. 고객님들은 전문가가 추천한 와인을 마시고 싶은 게 아니었습니다. 고객님들이 마시고 싶은 와인을 마시고 싶은 거였어요.

그렇다면 그 와인을 어떻게 알 수 있을까? 역으로 추적해 보니, 한국 사람이라면 누구나 봄에는 나물, 여름에는 민어, 가을에는 꽃게, 겨울에는 방어가 먹고 싶어진다는 사실을 알게 되었어요. 그러니까 한 번 더 들여다보면, 고객님들이 궁극적으로 마시고 싶은 와인은 나물와인, 민어와인, 꽃게와인, 방어와인이 아닐까 이런 생각에 도달했습니다.

유채꽃 만발한 봄의 제주에서, 정기구독 서비스는 대대적인 개편을 맞이하게 되었습니다. 상세 페이지도 대폭 수정했어요. 전문가가 추천하는 와인이라는 문장은 완전히 사라지고, 6월의 구독와인 제목을 '치킨와인'으로 수정했습니다.

세 병의 와인이 담긴 구독 박스에는 세 가지 치킨에 어울리는 와인을 담았습니다. 지코바숯불치킨레드, 푸라닭마요스파클링, 파닭네네치킨화이트. 직접 운전해서 제주 시내 근처 한적한 골목에 숨어 있는 프랜차이즈 치킨점에서 치킨을 픽업하고 서울에서 배송받은 치킨와인을 칠링하고 오픈했습니다. 사진 촬영도 직접 했습니다.

지코바숯불치킨은 남프랑스 피노누아, 푸라닭마요는 이탈리아 모스카토다스티, 파닭네네치킨은 스페인 마카베오와 참 잘 어울렸는데 아마 제주의 5월이 아니라 서울의 2층 사무실, 12월의 새벽이어도 같은 맛이었을 겁니다. 그 이후로 지금까지 제가 선택한 와인이 '쓰레기 같다'라는 악평을 받은 일은 2022년부터 2025년까지 단한 번도 없었답니다.

기존의 와인구독 서비스라는 표현도 '일상와인'으로 가볍게 바뀌었어요. 그날 이후로 1년이 지났고, 제가 큐레이션한 계절 와인의 성장기는 이미 실습 챕터 두세 편만 봐도 짐작하실 수 있을 것 같습니다. 지금은 부가적인 모든 일을 중지하고 오로지 일상와인을 큐레이션하는 데 총력을 다하고 있는데요, 사람이 한 가지 일만 해도 잘 하기가 어렵다는 것을 지난 5년간 수업료를 내며 배운 셈입니다.

◆

영화 〈부르고뉴 와인에서 찾은 인생〉은 유튜브에 올라온 예고편만 봐도 어찌나 부르고뉴스러운지 모르겠어요. 맑고 투명하고 성스러운 레드와인이 잔에 담겨 주인공 남매의 입술을 적실 때, 도대체 저 세계에는 어떤 힘과 역사가 숨어 있나 와인을 모르는 사람도 궁금해집니다.

부르고뉴는 프랑스 지도를 정면으로 봤을 때 중간쯤에 위치한 도시 디종에서 남쪽 리옹까지를 이르는 와인 산지입니다. 기다랗게 분포한 포도밭 중 북부는 피노누아를 만드는 마을(쥬브레샹베르탱, 뉘생조르주, 모레생드니, 부조, 본로마네)로 유명합니다. 그보다 남쪽에 있는 뫼르소, 몽라셰 마을은 샤르도네로 만드는 고급 화이트와인 산지의 정점입니다. 피노누아를 만드는 북쪽 마을은 널찍하게 펼쳐진 드넓은 포도밭이 높은 성을 둘러싸고 있는 보르도의 샤토와는 완전히 다릅니다. 어찌나 잘게 구획이 쪼개져 있는지 규모도, 상업적인 인테리어도 보르도와 다릅니다.

지코바피노는 까칠하고 신경질적인 구석 없이 풍요롭고 부드러운 피노누아입니다. 오레오 초콜릿 쿠키 단면에서 나는 달콤한 향이 있고, 체리의 상큼함과 남프랑스의 따뜻한 햇빛을 받고 자라 온화한 타닌이 이어집니다.

피노누아는 '같은 포도, 다른 지역 이란성쌍둥이'설을 의심할 정도로 지역에 따라 스타일이 극적으로 달라지는데요, 본토인 프랑스 부르고뉴의 서늘하고 세련되며 예민한 피노누아와 달리 미국 캘리포니아의 피노누아는 달콤한 체리포레스트케이크 같아요. 피노누아가 이렇게 잘 익을 수도 있나. 두껍게 응축된 체리초콜릿 맛 피노누아는 날씨, 습도, 땅이 가진 힘이 포도를 어떻게 변화시키고 변신시키는지 알 수 있는 아주 좋은 공부가 되었습니다.

GIFT

10
월

October

햄버거 + 토마토스파클링
크림파스타 + 버터화이트
브리치즈 + 브리치즈레드
양꼬치 + 양꼬치레드

→

● 햄버거 ＋ 토마토스파클링

토마토는 와인 안주를 만들 때 베이스로 활용도가 가장 높은 재료입니다. 토마토를 활용해서 만들 수 있는 메뉴가 얼마나 많은지 지금 당장 적을 수 있는 이름만 해도 열 개가 넘어요. 토마토 모차렐라, 방울토마토 올리브절임, 나폴리탄 스파게티, 볼로네제 라구 파스타, 마르게리타 피자, 토마토 미트볼 그라탱, 토마토 달걀볶음, 샥슈카(에그인헬), 라타투이, 빅맥과 베이컨토마토디럭스버거까지.

제게는 전부 다 페어링을 위해 디테일이 달라지는 토마토 요리입니다. 어울리는 와인을 다 다르게 정할 수 있는 목록이기도 해요. 추가된 재료가 고기인지 달걀인지, 볶음인지 오븐구이인지, 케첩 맛 토마토인지 뭉근하게 오래 끓인 숙성된 토마토소스인지 등이요. 페어링의 묘미를 발견하는 건 디테일을 즐기며 자신을 기준으로 맛있는 포인트를 찾아내는 순간인 것 같습니다.

7월 와인으로 소개했던 빨간 라벨의 떡볶이스파클링은 판매를 시작한 지 두 달 만에 국내 재고가 소진되었습니다. 저도 손님들도 너무 아쉬웠던 와인이라 같은 종목의 초록 라벨을 주문해 테이스팅해 보았는데, 마시자마자 이건 토마토와인이었습니다. 빨간 라벨을 마셨을 때 떡볶이가 먹고 싶었던 것처럼, 초록 라벨을 마시니 토마토 맛이 따라오더라고요.

　　이렇게 먹고 싶어지는 와인과 음식이 바로 연상되는 경우의 페어링은 거의 99퍼센트의 확률로 성공합니다. 토마토스파클링 페어링 콘텐츠로 어떤 메뉴를 만들지 소재가 너무 많아 고민될 정도였어요. 그중 가장 좋은 반응을 얻었던 콘텐츠는 역시 맥도날드에서 시킨 햄버거였습니다. 매장에서 택배를 포장하다가 배가 고파서 주문한 햄버거였는데, 마침 냉장고에 남은 토마토스파클링이 있어서 같이 마셨어요. 그래서 그 영상은 배경에 택배 박스가 가득합니다.

　　서부에 금광을 캐러 간 노동자처럼 트레이닝 바지를 입고 간이 의자에 앉아 버거와 스파클링와인을 먹는 모습은 근사한 테이블에서 우아하게 마시는 와인과는 전혀 다른 장면이라 보던 분들도 당황한 것 같았습니다. 하지만 이 페어링의 포인트가 토마토의 기분 좋은 신맛인 걸 전달하고 싶었던 제 의도는 잘 전달되었어요. 그 후 토마토스파클링 문의가 끊이지 않았고, 결국 이 와인도 품절되고 말았습니다. 아직도 토마토스파클링 입고 여부를 묻는 분들이 잊을 만하면 디엠을 주신답니다.

🌢

토마토스파클링은 떡볶이스파클링이었던 람부르스코 적포도의 자매품입니다. 떡볶이스파클링은 단맛이 조금 더 강하고, 토마토

스파클링은 신맛이 조금 더 치고 올라와요. 둘 다 세심하게 보면 전혀 다른 와인이지만, 커다란 카테고리에서 보면 정말 비슷한 와인입니다. 왜냐하면 에밀리아로마냐에서 배운 간단한 요리와 전부 잘 어울리기 때문이에요. 그곳을 방문했을 때 와이너리에서 알려준 간단한 레시피가 너무 유용해서 여러분에게도 공유합니다.

→ 그리시니 과자에 돌돌 만 프로슈토
→ 파르미지아노 레지아노 치즈와 모데나 발사믹 식초
→ 하겐다즈 바닐라 아이스크림과 모데나 발사믹 식초

직접 만들어보고 깜짝 놀랐던 궁합도 추가로 소개합니다.

→ 한국의 전통 육포 또는 비첸향 육포
→ 육회(달걀노른자와 참기름에 비빈 향이 강한 광장시장 육회)

● 크림파스타 ＋ 버터화이트

버터화이트는 일상와인을 전개하면서 소개한 첫 내추럴와인이지만, 어디에도 내추럴와인이라고 언급하지 않았어요. 앞에서도 소개했듯 와인 맛은 누구나 다르게 느낍니다. 살면서 먹고 마시고 경험했던 순간에 따라 맛을 측정하는 범위가 사람마다 다르기 때문이에요. 이 버라이어티한 차이 속에서 와인을 소개할 수 있는 가장 정확한 설명 방식은 '어울리는 음식'을 기준으로 안내하는 것이라 생각했습니다.

그래서 10월의 화이트와인은 여러 가지 명찰 중에 버터화이트라는 이름을 갖게 되었습니다. 한 모금 마셨는데 프랑스산 보르디에르 숙성 가염버터에서 났던 진하고 고소한 맛이 첫 향기에 툭 치고 올라오더라고요. 이 와인은 버터나 크림이 들어간 느끼한 프랑스 요리와 잘 맞겠다는 감이 왔고, 냉동실에 있던 인스턴트 크림파스타를 데워 회사에서 궁합을 맞춰보았습니다.

아, 그 파스타를 먹는 영상을 릴스에 단독으로 올렸어야 했는데. 양송이와 베이컨, 크림이 들어가 한 팩에 8,000원 정도 하는 인스턴트 파스타가 이탈리아 파인 다이닝의 코스 요리로 변신했던 순간을 아직도 기억합니다. 그전에도, 그 후에도 카르보나라 계열의 고소한 크림파스타에 어울리는 1등 와인은 10월의 버터화이트입니다.

🌢

내추럴와인의 사전적 정의는 다양하겠지만, 저는 이렇게 대답해 왔습니다.

"고대 이집트나 로마의 길을 걷는데, 집 앞 항아리에서 이상한 향이 나서 뚜껑을 열고 들여다보았더니 오래된 포도에서 알 수 없는 향이 나고 즙이 생겼더라. 마셔보니 알딸딸한데 또한 맛있더라."

포도는 인간이 개입하지 않고도 자연 발효하는 술입니다. 포도가 가진 당분이 온도에 의해 발효되며 알코올을 형성해요. 우리가 알고 있는 현대의 와인은 그 포도주를 더 맛있게 만들기 위해 다양한 공법을 적용합니다. 농약도 뿌리고, 가지치기를 해서 멀쩡한 포도를 쳐내기도 하죠. 이런 인간의 개입이 적용되지 않고 포도가 포도밭에서, 그 척박한 땅에서 온전히 스스로의 힘으로 성장해 알코올로 변화한 와인이 내추럴와인입니다.

항아리에 담긴 포도주가 스스로 맑게 정제하지 않듯, 내추럴와인은 대부분 인위적인 필터링을 진행하지 않습니다. 와인에는 수상쩍은 찌꺼기가 떠다닐 수 있고 색깔도 맑지 않고 흐립니다. 물론 모든 내추럴와인이 그렇다는 건 아니고요.

버터화이트는 이런 내추럴와인의 특징을 전부 가지고 있지만,

크림파스타와 어울린다는 단서 하나에 자신감을 얻고 내추럴와인이라는 형용사를 붙여주지 않았습니다. 그 형용사가 붙는 순간 불필요하게 많은 생각을 하게 되는 것이 싫었거든요.

그리고 저처럼 이산화황이 들어간 컨벤셔널와인(내추럴와인과 반대되는 단어로, 인간이 양조법에 상당 부분 개입한 와인)을 마시면 몸이 울긋불긋해지면서 간지러운 사람이 아니라면, 제 임상학적인 소견으로 내추럴와인과 컨벤셔널와인의 차이점은 맛의 범주가 아니랍니다. 화학적인 요소가 들어갔는지, 아닌지에 대한 객관적인 단서죠.

우리는 MSG가 들어간 것을 알면서도 라면과 과자를 먹습니다. 하지만 라면과 과자를 먹는다고 죽음에 이르는 것은 아닙니다. 식약청에서 허가를 내주었다면 우리가 마시는 모든 와인은 미각과 신체 조건에 근거한 스스로의 선택입니다.

버터화이트에서 수상한 이물질을 감지한 세 분의 예리한 고객님께 보내드린 답변을 소개합니다.

"안녕하세요! 놀라게 해드려 죄송합니다. 이번 달 버터화이트는 아마 잔에 따라보시면 일반 와인처럼 맑고 투명하지 않고 흐릿한 색깔일 거예요. 현대의 와인은 깨끗하고 정제된 와인을 만들기 위해 안에 있는 모든 효소와 요소를 걸러내는 필터링 작업을 합니다. 그런데 이달의 버터화이트는 유기농 인증 마크가 붙어 있는 언필터링 유기농 오가닉 와인입니다. 그래서 드셨을 때 미국 와인처럼 인위적인 오크 향이 아닌, 아주 부드러운 효모 향과 자연 버터 향이 느껴집니다. 그 안에 들어 있는 바닥의 잔여물은 세틀먼트라고 부르는 것으로 포도주 안에서 자연 발생한 물질입니다. 오염이나 이물질이 아니라 먹어도 문제가 되지 않는 요소입니다. 레드와인의 이물질은 입안에서 거슬거슬하게 느껴져서 10밀리미터 정도 소량의 와인은 마시지 않고 바닥에 남겨둔 뒤 버리는 편입니다. 참고가 되셨으면 좋겠습니다."

● 브리치즈 + 브리치즈레드

여름부터 시작한 치즈 콘텐츠는 릴스 시작 후 최고의 전환점이 되어주었습니다. 12월에는 숨 가쁘게 달려왔던 1년을 회고하고 오프라인에서 와인을 마시는 자리를 만들고 싶어 크리스마스 와인바를 운영했습니다. 그때 함께했던 노르웨이의 시노베치즈 대표님께 놀라운 이야기를 들었어요. 한국 사람 중에 태생적으로 치즈를 맛없게 느끼는 미각 유전자를 가진 사람이 상상 이상으로 많다는 것이었죠.

저는 블루치즈를 처음 먹었을 때도 맛있다고 느꼈던 사람이라, 와인과 관련한 일을 하면서도 치즈를 어렵게 느끼는 미각적 고충에 대해서는 한 번도 생각해 본 적이 없었습니다. 그런데 그 데이터를 듣고 나니 치즈를 쉽고 맛있게 먹는 법을 소개해야겠다는 저만의 사명감이 생겼습니다. 미각적 한계로 치즈 맛이 어렵게 느껴질 수는 있지만 그 맛을 보완해 주거나 상승시켜 줄 와인은 분명히 존재하니까요. 그 조합을 소개하면 좋은 성분으로 가득한 서양의 발효음식인 치즈가 한국 사람들에게 더 사랑받을 것이라는 확신도 생겼어요. 그런 다짐이 정립되자 치즈 콘텐츠를 더욱더 가열하게 제작할 수 있었습니다.

재밌는 에피소드 하나. 치즈와 와인을 소개하다 보니 치즈와 와인 알고리즘을 자주 보았는데요, 눈만 뜨면 브리치즈구이 영상이 나와서 가급적 저 콘텐츠는 만들지 말자고 다짐했어요. 너무 흔하니까 나는 하지 말자는 생각이었습니다.

그런데 어느 날 좋은 공간에 대한 한 건축가의 답변을 글로 읽게 되었습니다. 좋은 공간에 대한 정의를 묻자 연예인 집을 여럿 건축해 유명해진 그 건축가는 "사람들이 많이 찾아오는 공간"이라고 대답했어요. 유명하지 않은, 남들이 모르는 것만 귀하고 가치 있다고 생각했던 제 기준을 새롭게 돌아보게 만드는 인터뷰 기사였습니다. 그 후로 제가 생각하는 좋은 것에 대한 정의를 하나씩 다시 살펴봤어요.

좋은 책은 사람들이 많이 읽는 책으로 베스트셀러의 반열에 오릅니다.
좋은 영상은 사람들이 다시 보는 영상이니 조회수가 높았어요.
좋은 와인은 그 맛이 자꾸 생각나는지 재구매를 원하는 와인이더군요.

너무나 단순한 깨달음을 얻고 나니 사람들이 브리치즈구이에 열광하는 이유는 그 치즈구이가 좋은 레시피이기 때문이라는 걸 알게 되었습니다. 비밀이지만, 그때까지 저는 브리치즈구이를 제대로

만들어본 적이 한 번도 없더라고요. SNS에서 자주 접했다는 이유만
으로 마음속에서 '흔해 빠진 레시피'라는 편견을 가졌던 거예요.

그런 마음으로 브리치즈구이를 만들었는데, 저는 그만 충격을
받았다지 뭡니까. 아, 이래서 사람들이 그렇게 브리치즈를 구워서
먹는구나. 우습지만 제 레시피 스승님들은 이미 재야의 고수였습니
다. 캔에 들어 있는 브리를 칼집 내어 자르고, 그 사이에 슬라이스한
레몬을 끼우고, 칼집 낸 방울토마토를 둘러 올리브오일을 듬뿍 뿌리
기만 하면 준비가 끝났습니다. 예열이 슈퍼맨처럼 빠른 삼성 큐커
에어프라이어로 10분 정도 조리했는데 순식간에 모든 재료가 지글
지글 끓어오르며 토마토 과즙이 배어 나오고 치즈가 부드럽게 녹아
내렸어요. 그걸 꺼내 브리치즈레드 한 모금을 마시니 입안이 하얗고
빨간 실크로 너울댔습니다. 손꼽히게 맛있는 페어링이었습니다.

🌢

브리치즈레드는 이탈리아 중부 토스카나의 레드와인입니다.
이 지역을 대표하는 적포도인 산지오베제에, 프랑스에서 온 국제 품
종 멜롯이 더해진 블렌딩이죠. 포도를 블렌딩하는 이유는 하나입니
다. 각자가 가진 장점을 드러내려면 단독플레이가 더 좋지만, 필연
적으로 하나를 가지면 하나가 부족해지는 단점이 있는데 그걸 보완
하기 위해 섞는 것이에요.

산지오베제는 새콤하고 명랑한 포도지만 얌전한 부드러움이
없습니다. 멜롯은 부드럽고 은은한 과실미가 풍부한 포도지만 경쾌

하게 톡 치고 올라오는 명랑함이 적고요. 브리치즈레드는 각 품종의 장점이 아주 잘 드러난 레드였고, 그래서 손님들은 이 와인을 편한 와인이라 표현했습니다. 산지오베제와 토마토의 명랑함, 멜롯과 브리치즈의 부드러움이 만나니 어느 하나 뺄 것도 더할 것도 없는 완벽한 조화가 이루어졌습니다. 그런 와인에 따뜻한 브리치즈 한 조각을 입에 물고 우물우물 삼켰더니 아직 10월이었는데도 크리스마스가 성큼 다가왔습니다.

● 양꼬치 ＋ 양꼬치레드

소고기레드, 삼겹살레드를 소개하던 봄에 모두들 고기 페어링이 끝났다고 생각했을 수 있지만, 고기 페어링은 다시 한번 진행되었습다. 쯔란 가루를 맛있게 뿌린 양꼬치에 어울리는 양꼬치레드, 스테이크에 어울리는 스테이크레드, 매콤한 뼈찜에 어울리는 뼈찜레드까지 다음 페이지에서도 다음 책에서도 새로운 고기레드는 계속 등장할 거예요.

같은 고기라도 마블링이 진한 채끝등심구이와 부드러운 와인소스를 뿌린 프랑스식 안심스테이크는 어울리는 와인이 다릅니다. 굽는 법, 부위, 소스 등 여러 가지 요소에 따라 어울리는 와인이 달라지는 거죠.

저는 양꼬치에 묻은 쯔란 가루를 좋아해서 라면수프처럼 손으로 찍어 먹을 때도 있습니다. 중국에서 온 향신료가 입안에 가득 퍼지며 감칠맛과 매운맛을 스프레이처럼 칙칙 뿜어댈 때 매캐한 레드와인 한 모금을 같이 머금고 우물거리는 것도 좋아해요. 아직 가본적은 없지만 리장이나 청두 같은 이국적인 소도시를 방문하면 그 도시의 식당에서 꼭 한번 먹어보고 싶은 맛, 그리고 페어링입니다.

어떤 와인은 우리를 여행지로 데려다 놓기도 하죠. 그린와인을 마실 때면 포르투갈 포르투 항구, 문어화이트를 마실 때면 타파스 바로 가득한 산세바스티안 해안가, 템프라니요로 만든 레드와인을 마실 때면 스페인 리오하 시내로 마음이 이동했습니다. 양꼬치레드는 저를 가본 적 없는 중국의 머나먼 소도시로 떠나게 했어요. 먹고 마시며 일어나는 일은 우리의 평범하고 보잘것없는 하루를 또렷하게 기록해 줍니다. 맛있는 음식과 와인을 먹는 순간의 기억은 아무리 시간이 지나도 잊히지 않아요.

양꼬치레드의 정체는 이탈리아 중부 아부르초에서 몬테풀치아노라는 적포도로 만든 레드와인입니다. 삼겹살레드였던 산지오베제나 소고기레드였던 네로다볼라와는 달리, 특징을 향신료라고 바로 적을 수 있을 만큼 후추와 가죽 향으로 가득한 힘 있는 와인이에요. 거기에 흙이나 버섯 같은 풍미도 살살 뒤따라오는데, 불에 구운 기름진 양고기와 쯔란 가루에 지지 않고 화려해지는 궁합을 보여줍니다. 가을에 판매했는데 겨울이 다 지나가는 계절까지도 잊히지 않고 꾸준히 사랑받았습니다.

11
월

November

석화 + 굴스파클링
루콜라샐러드 + 샐러드화이트
초밥 + 초밥화이트
김치찜 + 김치찜리슬링
동파육 + 동파육레드

→

● 석화 + 굴스파클링

굴은 좋아하는 사람 아니면 못 먹는 사람, 둘로 나뉘는 식재료 같아요. 싫어하는 사람은 별로 없고 그냥 먹지 못하기 때문에 먹지 못하는 식재료인 것 같습니다. 굴의 미끌미끌한 질감과 거기에 묻어 있는 짠맛에 중독되면 11월부터 굴이 나오길 기다리게 돼요. 성급하게 노량진에서 주문해 박스를 열어보면 하프셸에 갇힌 살집이 너무 여리여리해 실망스럽지만, 맹렬한 추위가 찾아올 때쯤 더 두꺼워지고 포동포동해진 굴 박스가 도착하면 한 시간 내내 개수대에 달라붙어 씻고, 심지를 도려내고, 어울리는 소스를 만듭니다. 굴을 먹고 싶어서 친구들을 집에 초대한 적도 많았어요.

굴에 어울리는 와인은 프랑스 샹파뉴에서 만든 샴페인이나 부르고뉴에서 샤르도네로 만든 화이트와인이 정석입니다. 특히 부르고뉴 샤블리 지역의 화이트와인은 날이 선 매끈매끈한 미네랄과 쨍한 산도가 특징인데, 중생대 쥐라기 때 바다였던 덕분에(믿을 수 없지만) 땅속 조개와 굴 껍질이 이 와인에 유서 깊은 짠맛을 물려주었지요. 태생적으로 둘은 영혼의 짝이라 여겨집니다. 실제로 같이 먹으면

이 세상 궁합이 아니에요. 이렇게 깨끗하고 순수하고 초월적인 만남이라니, 말도 없이 한 박스를 다 먹어 치우게 만드는 거죠.

다만, 여름에도 겨울에도 굴을 너무 자주 먹었던 덕분에 굴스파클링을 선택한 11월의 저는 찬 것을 조금만 먹어도 탈이 나는 컨디션에 처해 있었습니다. 그래서 차가운 성질의 와인 말고 따뜻한 성질을 가진, 굴을 보드랍게 품어주는 와인을 찾아 나섰어요. 그렇게 만난 굴스파클링은 신기하게도 저와 같은 상황에 처해 있던 손님들 눈에 띄어 겨울이 다 가도록 따뜻하게 사랑받았습니다.

🌢

시칠리아에서 자란 피노그리지오와 카타라토 청포도를 블렌딩한 부드럽고 우아한 스푸만테는 무척 귀족적인 스파클링입니다. 포카칩스파클링의 기포가 가로로 빽빽하게 우아했다면, 굴스파클링의 기포는 세로로 용암처럼 솟구쳤어요. 산도가 날카롭지 않고 중성적인데, 딱 알맞은 감칠맛이 굴이 가진 바다의 비린 맛을 부드럽게 감싸안아 주었습니다. 굴에는 늘 날카로운 부르고뉴 샤블리나 샹파뉴 샴페인을 페어링했는데, 따뜻한 성질의 스파클링과 페어링해도 좋은 결과로 이어질 수 있다는 것을 처음 공부했습니다.

피노그리지오는 이탈리아 북부의 서늘한 베네토에서 깨끗하고 스탠다드한 느낌으로 표현되는 심플한 포도입니다. 카타라토는 청사과가 튀어 오르는 상큼한 산도를 가진 포도고요. 그런데 이 두 가지 포도가 조합된 굴스파클링에서는 포도의 특징이 크게 드러나지 않았습니다. 포도의 정체성이 와인 맛에 반영되어야 하는데, 와인을 맛보고 팩트시트를 여러 번 대조해 보았지만 두 포도의 조합으로 도출된 맛을 종이로는 읽어낼 수 없었습니다. 그냥 따뜻한 성질을 가진, 용암처럼 솟구치는 와인으로 기억에 남았습니다.

그래서 좋은 와인, 나쁜 와인 같은 문제는 와인을 이해하는 데 있어 크게 중요한 문제가 아닐지도 모릅니다. 정확한 정체를 알고 있어도 긍정적인 돌연변이도 있으니까요. 2024년 11월의 굴스파클링은 책에서 외운 포도 특징을 줄줄이 읊는 사람만은 되지 말자고 주의를 주었습니다. 예전에는 "알자스 리슬링에서는 페트롤 향이 나지!", "호주 쿠나와라의 카베르네소비뇽에서는 민트와 유칼립투스 향이 나지!"라고 단정했지만 그런 향이 나지 않는 와인도 많았습니다.

● 루콜라샐러드 + 샐러드화이트

11월에 소개했던 샐러드화이트는 이름을 잘못 지었다고 여러 번 후회한 와인입니다. 루콜라화이트라고 지었어야 했어요. 푸릇푸릇한 루콜라와 딜 이미지가 오프닝 크레딧, 깨끗하고 청순한데 산도는 딱 중간이라 컨디션이 좋지 않은 날에도 날카롭게 거슬리는 데가 없었습니다. 이 와인의 정체는 별다른 토핑 없이 올리브오일과 소금, 후추만 뿌린 루콜라와 아주 잘 어울리는 귀여운 청포도 파세리나로 만든 와인이에요.

파세리나라는 포도 이름은 태어나서 처음 들어보았습니다. 이탈리아는 항상 그런 식이에요. 네비올로, 산지오베제, 네로다볼라, 몬테풀치아노 같은 토착 포도 이름을 지역별로 다 외웠다고 안심할 때 갑자기 새로운 이름으로 시선을 집중시킵니다. 파세리나가 딱 그런 포도였는데요, 웬디가 피터팬을 처음 만났을 때 입었을 것 같은 초록색 옷을 입고 팅커벨이 뿌린 마법 가루로 날아오르며 명랑하게 웃는, 바람에 나부끼는 봄날의 풀잎 같은 와인이었어요.

그런 와인을 서울의 우리 집도 좋지만 봄날의 거창 풀밭이라든가, 지리산 숲속에서 마시면 어떨까 상상의 날개를 펼치게 되었습니다. 계절감으로는 딱 봄의 와인이지만 샘플링한 와인을 한겨울에 마시니 봄이 더 사무쳐서 일부러 겨울와인으로 정했습니다. 봄을 기다리는 마음으로 말이죠.

제가 고른 모든 일상와인이 하루, 사계절, 1년에 관여하고 있다고 생각하면 대충 고르고 대충 추천할 수는 없을 것 같습니다. 지금 제가 책임지고 있는 일상와인 덕분에 우리 고객님들의 계절은 그 수가 아주아주 많고, 저는 과로하고 있지만 즐거운 마음을 감출 수가 없습니다.

🩸

채소와 와인은 단독으로는 어울리지 않습니다. 루콜라, 아스파라거스, 토마토, 시금치, 가지, 방울양배추, 그 어떤 채소도 한입 먹고 와인을 먹으면 상상을 초월하는 에탄올로 전락합니다. 하물며 마늘 같은 향신채는 더하지요. 와인과 채소가 연결되려면 여러 가지 요소가 필요합니다. 쉽게 기억할 수 있는 단서를 공유해 보겠습니다.

드레싱 오리엔탈드레싱이든 타르타르소스든 우리가 알고 있는 흔한 소스는 채소와 와인을 연결해 줍니다. 우선 소스에 배합된 맛을 정확히 인지해야 합니다. 폰즈소스의 짠맛과 신맛, 타르타르소의 느끼한 질감은 전혀 다른 성질이에요.

치즈 같은 샐러드라도 페타치즈 토핑과 파르미지아노 레지아 노치즈 토핑은 다른 페어링으로 이어집니다. 페타치즈는 주로 열을 가하지 않은 신선한 샐러드에서 실력을 발휘합니다. 파르미지아노 레지아노처럼 구조감과 힘이 있는 치즈는 라자냐, 스파게티처럼 열을 가한 무거운 요리에서 빛을 발합니다.

● 초밥 + 초밥화이트

생선회와인과 초밥와인은 성격이 전혀 다릅니다. 흰살생선회
와 붉은 생선회도 와인 선택에 영향을 줍니다.

- ✳ 흰살생선회: 광어, 우럭, 가자미, 도미
- ✳ 붉은 생선회: 참치, 연어, 방어
- ✳ 초밥: 위의 모든 재료에 단촛물 섞은 밥이 추가된 것

흰살생선회는 미끌미끌한 질감을 가진 스페인의 알바리뇨나
신선하고 풋풋한 그린와인과 잘 어울립니다. 붉은 생선회는 흰살생
선회와 완전히 달라요. 소고기만큼은 아니어도 더 기름지고, 더 무
겁습니다. 붉은 생선회에는 프랑스 피노누아나 이탈리아 키안티, 드
라이한 로제와인을 추천합니다.

다만 초밥와인은 조금 다른 방식으로 접근해야 합니다. 밥이라
는 탄수화물이 변수로 작용하거든요. 생선회와는 어울려도 밥이 가
진 둔탁한 맛에는 부딪힐 수 있고, 밥의 달고 짠맛에는 어울려도 생

선회와 부딪힐 수도 있습니다. 그런 점에서 11월의 초밥화이트는 초밥와인 대회가 있다면 1등을 하고도 남았을 몹시 만족하는 와인이었어요.

초밥화이트는 남프랑스에서 만든 화이트로 샤르도네와 소비뇽블랑을 블렌딩한 와인입니다. 아주 살짝 누룩 냄새가 났고, 샤르도네 포도가 더운 곳에서 익었을 때의 결과임이 분명했습니다. 처음에는 묵직하게 쿵 떨어지다가 소비뇽블랑의 산뜻한 과일과 풀 냄새로 마무리됩니다. 샤르도네 파트는 밥, 소비뇽블랑 파트는 위에 올라간 흰살생선과 참치, 연어를 감싸주었습니다. 우니, 장어, 심지어 일본식 달걀말이까지 케어해 주는 와인이라니, 이름 참 잘 지었다고 지금도 생각합니다.

🌢

앞서 포도를 블렌딩하는 이유에 대해서 언급했습니다. 초밥화이트의 샤르도네와 소비뇽블랑 조합에도 이유가 있다는 것을 맛을 보고 한 번 더 확인하게 되었습니다. 샤르도네는 우아하고 풍만한 포도예요. 어느 지역에서나 잘 자라고 당분이 높아 알코올로 변환될 때 도수도 높아집니다. 더운 지역에서 자란 샤르도네로만 만든 화이트는 무겁고 느끼하고 리치하게 표현돼요. 거기에 산뜻한 한 스푼을 얹어주는 게 소비뇽블랑 되겠습니다. 리치, 패션프루트 같은 통통 튀는 과일 향이 더해지며 초록색 풀, 잔디의 뉘앙스가 생겨나는 거죠.

블렌딩을 이해할 수 있는 또 다른 조합도 있습니다. 프랑스 보르도 지역에서 소비뇽블랑과 세미용을 섞는 경우예요. 세미용은 가볍게 익었을 때는 잔디와 피망의 산뜻한 향이 있는 청도포로, 강력한 구조감으로 뼈대를 잡아주는 역할을 합니다. 여기에 향긋하고 명랑한 소비뇽블랑의 아로마가 더해지면 둘은 아주 조화롭게 어울리죠. 이렇게 만들어진 와인은 질척질척한 크림파스타나 기름진 연어구이 같은 요리에 잘 어울려요.

한 가지 더 추가. 세미용은 처음에는 말간 얼굴을 하고 있지만 작정하고 제대로 완숙하면 폭발적인 살구, 파인애플, 꿀, 견과류 향을 뿜어내 아주 세련된 디저트와인의 주인공이 되기도 하는데요. 그렇게 탄생한 와인이 전 세계에서 가장 유명한 보르도 소테른 지역의 샤토디켐입니다. 강가 포도나무밭에 사는 숲의 정령이 만든 꿀술처럼, 형용하기 어려울 만큼 어지럽게 달콤한 술이에요. 비싸지만 그만큼 가치 있는 신들의 포도주입니다.

● 김치찜 + 김치찜리슬링

미래에 대한 대책이라고는 100원만큼도 없이 20대를 흥청망청 보낸 저는 졸업 후 아무런 계획과 준비, 설계가 없었습니다. 아름다운 것을 기록하는 걸 좋아했으니 영국으로 떠나 사진을 배울까 고민했지만 학비가 없었죠. 무엇보다 사진 찍는 걸 그렇게 좋아한 것도 아니었고요. 멜버른에서 돌아온 지 얼마 되지도 않았는데 또 어디론가 떠나는 게 겁이 나기도 했어요. 그때 저는 8개월째 와인숍에서 아르바이트 중이었습니다.

그때의 재미는 아르바이트비를 모아 10만 원짜리 와인과 3만 원짜리 와인을 감별하는 것이었는데, 어느 날 무심코 클릭한 와인 포털사이트의 구인 공고에서 지금도 잊히지 않는 게시글이 하나 올라왔습니다. 와인 기사를 쓰는 잡지사에서 와인 에디터를 뽑는다는 거예요.

글을 쓸 수 있고 와인 공부도 했지만 세상에 필요한 인재가 아닌 건 잘 알고 있었던 저는 눈이 반짝 떠졌습니다. 둘 다 내가 할 수 있는 건데? 그래서 무작정 지원했고 계약직이었지만 채용되었습니다. 이후 인력 부족으로 운 좋게 정직원으로 채용되었던 그곳이 저의 첫 직장이었습니다.

2009년 경제위기로 크리스마스에 문을 닫지 않았더라면 아마 지금도 그 회사에 다니고 있었을지도 몰라요. 입사하자마자 지공다스의 몽티리우스 부부를 영어로 인터뷰해야 했던 회사, 취재하면서 만났던 업계 선배님들이 밤마다 학동사거리에서 맛있는 샴페인을 사주셨던 회사, 로마네콩티와 샤토디켐을 테이스팅하며 공부할수 있었던 회사. 저는 회사에 다니며 돈을 번다는 기분에 항상 들떠 있었고 잘 웃는 직원이었습니다. 그렇게 빨리 문을 닫게 될 회사인지는 몰랐지만, 그런 낌새는 조금도 알아차리지 못했던 입사 1년 차 겨울의 기획 기사 회의 시간이 생생합니다.

발행인을 포함해 에디터들이 맛있게 먹은 와인과 한식 페어링에 대한 짧은 글을 모은다고 했어요. 정확하게 기억나지 않지만 해당 호의 기획 기사 목차에는 다른 선배님들이 쓴 이런 제목들이 실렸습니다.

✽ 찬밥과 냉장고에 넣어둔 차가운 레드와인
✽ 사과와 카망베르를 백김치에 싸서 화이트와인
✽ 매운 김치찜과 리슬링

제목이 흥미로워서 제 원고도 마감하지 못하고 선배들의 글을 읽는데 너무 재밌는 거예요. 특히 세 번째 원고에서 머릿속에 전구가 켜졌습니다. 아, 이렇게 페어링할 수도 있구나. 정말 선배들은 대단하다. 어떻게 이런 경험을 했고 이걸 글로 쓸 수 있을까? 먹어보지도 않은 김치찜과 리슬링의 조합이 서른도 되지 않은 제 미각에 몰려들었습니다. 이후에 찾아온 30대 초반에는 실습해 보고 경험해 보며 다 써버린 것 같아요.

지금 잘하는 것은 전부 다 어떤 순간에 배웠던 것들이었다는 걸 기록하고 싶었습니다. 그때는 감사한 줄 모르고 '나처럼 열심히 일하는 기자가 있다니 이 회사는 행운이로군' 하고 생각했던 막내였는데요, 지나고 보니 그때 저는 세상의 진리를 단 한 줄도 모르는 신입생이었더군요. 그래도 막내인 주제에 선배들의 미각 경험을 잘도 주워 먹었으니 여기까지 올 수 있었던 것 같습니다. 그때는 상상만으로도 맛있었고, 지금은 경험을 통해 맛있는 걸 알게 되었습니다.

와인은 유럽의 술입니다. 중세 시대에 프랑스나 이탈리아 사람들이 식당이나 바에 앉아 우아한 빈티지잔에 따라 마시던 포도주를 상상할 수도 있지만, 천만의 말씀. 영화에도 자주 등장하듯 파리의 길바닥은 영화 〈향수〉 도입부처럼 생선 썩는 냄새, 오물 냄새로 뒤덮여 있었어요. 수도시설이 열악했으니 마실 물도 당연히 더러웠습니다. 그래서 물 대신 마신 게 포도주, 즉 클라레였죠. 지금처럼 진한 농축미를 가진 완성형 포도주가 아니라 물처럼 마실 수 있고 너무 취하지 않는, 묽고 불그스레하고 약한 포도주 말입니다.

물 대신 포도주를 마셨던 중세 유럽 사람들은 가죽보다 질긴 소고기를 먹을 때, 딱딱한 빵을 먹을 때 목이 메지 않도록 포도주를 같이 먹었어요. 국물이 흥건한 묽은 수프를 먹을 때는 포도주를 마실 필요가 없었습니다. 지금이야 뭐 아무렇게나 먹으면 어때라고 생각할 수 있습니다. 하지만 국물 요리와 와인을 페어링하다 보면 알게 됩니다. 국물을 먹은 입속에 포도주를 넣으면 와인 맛이 희석된다는 것을요. 자극이든 상승이든 중화든, 어떤 결과가 나와야 그게 페어링인데 물에 물을 마시니 희석될 수밖에 없습니다. 국물 요리에 포도주 페어링을 하지 않는 상식이 가볍게 잘 전달되었기를 바랍니다.

● 동파육 + 동파육레드

동파육레드의 정확한 이름은 굴소스레드가 맞는 것 같아요. 굴소스의 뉘앙스가 더해진 모든 요리에 잘 어울리기 때문입니다. 가끔 짜장면이나 짬뽕, 군만두 말고도 중국 요리가 생각날 때가 있는데 새콤한 유린기, 매콤한 깐풍기, 딤섬 전부 다 맛있지만 날이 추워질 때 미각을 노크하는 맛은 진한 갈색의 굴소스 풍미가 되겠습니다. 부드러운 중국식 갈비찜 동파육이나 뜨거운 불에 굴소스를 부어 빠르게 볶아낸 청경채 같은 음식은 이상하게도 한여름보다 추운 겨울밤에 더 잘 어울려요. 요리 프로그램에 동파육이라는 단어가 많이 오르내렸던 어느 날 집에서 여러 가지 요리와 함께 동파육을 주문했는데, 마땅히 어울리는 와인이 떠오르지 않아 보관하고 있던 이 와인을 함께 마셨습니다. 음, 굴소스의 짠맛을 단맛으로 바꿔주고 소스의 감칠맛에 향신료를 뿌려주는 와인이라니, 좋은데?

반병 정도 남겨두었다가 굴소스를 넣은 볶음밥에 페어링했는데 아주 잘 어울렸어요. 혹시 중국 음식에 다 어울리는 올인원레드인걸까? 호기심이 발동해 컬리에서 마장면 밀키트를 주문해 조리하고 릴스에도 소개했습니다. 마장면은 고소한 땅콩소스를 비벼 먹는 요리로, 그 자체로는 정말 맛있는 별미였어요. 하지만 땅콩이 들어간 녹진한 크림 같은 소스는 동파육레드와 겉돌았습니다. 땅콩만 지나치게 강해졌거든요.

귀중한 한 끼를 날려버릴 수 없어 굴소스 한 스푼을 넣고 휙휙 비비며 기도했습니다. 맛있어져라, 동파육레드에 어울리는 맛으로 바뀌어라, 뭐 그런 마음? 놀랍게도 단숨에 잘 어울리는 맛으로 변신했습니다. 혹시 저는 죽은 와인도 되살리는 일을 하고 있는 걸까요?

🌢

스페인을 대표하는 적포도에는 템프라니요, 모나스트렐, 가르나차가 있습니다. 그중 가르나차에 해당하는 프랑스 포도 그르나슈는 남부 론 지역의 주축이 되는 적포도예요. 그르나슈를 주 품종으로 열 개도 넘는 포도가 오케스트라를 이루며 아름다운 레드와인으로 탄생합니다.

그르나슈는 포도 자체가 함유한 당분이 높아 알코올도수가 높습니다. 포도의 당분 숫자는 곧 알코올 숫자와 동일하거든요. 껍질이 얇아서 강할 것 같지만 타닌과 색상은 옅고 딸기잼과 건포도 사이의 농염한 향이 풍깁니다. 친해지면 속을 다 드러내는 매력적인 캐릭터라고 표현해도 될까요? 마실 때마다 교회 가는 길에 피어 있던 시골 제비꽃, 후추와 아니스 향을 선물해 주는 매혹적인 와인입니다.

12
월

December

LA VILLA REAL
ROBLE TEMPRANILLO

방어회 + 방어스파클링
감바스알아히요 + 감바스화이트
가정식 스테이크 + 스테이크레드
슈톨렌 + 과자포트

→

● 방어회 + 방어스파클링

저는 방어인간은 아닙니다. 방어는 기름지지만 참치만큼은 아니고, 담백한 살집이 있지만 광어나 우럭처럼 깔끔한 것도 아니에요. 약간의 흙 맛이 뒤따라오는 중간자적 회랄까요? 일부러 제철 방어를 찾아 제주 모슬포까지 갔는데도 큰 감흥이 없었고, 그 후로 10년간 방어에 대한 관심은 다들 저와 비슷할 거라고 생각하며, 동시에 방어와인 사냥도 멈춘 지 오래였습니다. 그런데 매장이 다시금 활성화된 2024년 가을, 날씨가 추워지자마자 매장을 방문한 손님들이 "메리크리스마스"를 외치는 것과 비슷한 온도로 "방어와인도 있어요?"라고 질문했습니다.

그 문장을 열 번쯤 들었던 어느 날, 저는 이것이 해결해야 할 숙제임을 직감했습니다. 그래서 찾아 나섰어요. 방어와인을 먹으려면 방어 맛을 즐겨야 하는데, 쿠팡이츠에서 한 접시를 주문했지만 역시나 별로였습니다. 광어도 아니고 연어도 아닌 녀석이 참으로 맛대가리가 없군 하며 언짢았다는 것을 고백합니다, 하하!

하지만 과제는 당면해 있었고, 저는 도저히 답을 알 수 없어 와인포털사이트와 와인카페에 "방어에 어울리는 와인은 뭔가요?"라는 문장을 검색해 보았습니다. 보쌈이나 족발, 떡볶이나 순대와 어울리는 와인에 대한 질문에는 댓글에 일관성이 있었는데 방어와인 댓글만큼은 가관이어서 혼자 혀를 찼던 기억이 나요. 오대륙에서 생산되는 모든 화이트와 가벼운 레드, 스파클링 이름이 전부 다 튀어나왔습니다. 그 댓글들을 보니 생각이 더 시끄러워졌습니다. 그리고 역대급 수량의 와인을 샘플링한 뒤 작정하고 가게 귀퉁이에 앉아 여러 모금을 마시고 뱉었습니다. 그러다 찾아낸 와인이 12월의 방어스파클링이었어요.

샤르도네와 피노누아가 블렌딩된 12월의 방어스파클링은 샤르도네의 고소한 버터 느낌에 피노누아의 남성적인 구조감이 더해진 차분한 와인입니다.

❋ 방어 한 점 + 한 모금
❋ 상추(깻잎) + 방어 + 초고추장 + 한 모금
❋ 상추(깻잎) + 방어 + 쌈장 + 한 모금
❋ 상추(깻잎) + 방어 + 초고추장 + 풋고추 + 마늘 + 한 모금

이 모든 유의미하고 필연적인 조합을 단 하나도 탈락하지 않고 통과했습니다. 너무 여러 병을 샘플링해서 취했나 싶기도 했지만 다음 날 다시 시도했던 페어링도 동일한 결과가 나왔습니다.

너무 완벽하면 거짓말 같으니까 실패한 조합도 기록해 둘게요. 방어에 참기름을 찍어 먹으면 그 와인은 몹쓸 맛이 됐습니다. 입안

에서 생선 썩는 맛이 났어요. 이토록 잔인하고 솔직한 결과를 도출해 낼 때마다, 예선에서 탈락한 샘플 와인을 볼 때마다 오징어게임 도입부를 보는 것 같습니다. 하지만 누군가의 계절와인을 책임지고 있다는 걸 상기하면, 이 게임은 잔인하고 팽팽할 수밖에 없다고 생각해요.

🜄

고기에는 레드, 생선에는 화이트라는 윤곽이 있어야 그 외에 파생되는 다양한 페어링에 대한 시선이 열립니다. 그러니 저 지루한 문장은 사실《수학의 정석》같은 문장인 거예요. 다만 한국에서의 페어링은 재료 페어링보다는 양념 페어링이 더 구체적이라는 것을 우연한 기회에 알게 되었습니다. 같은 불고기라도 간장불고기와 고추장불고기에 어울리는 와인은 다릅니다. 같은 생선이라도 아구찜과 과메기무침에 어울리는 와인은 완전히 달랐어요. 궁중떡볶이와 엽기떡볶이도 전혀 다른 영역이었습니다.

우리나라 음식은 재료를 그대로 먹는 경우가 거의 없습니다. 나물만 해도 버무리는 양념에 간장이나 들기름, 참기름 같은 맛이 배합되어 있죠. 그걸 인지하니 후라이드치킨와인과 양념치킨와인이 다르다는 것을 알게 되었습니다. 보쌈와인은 보쌈에만 페어링하는 게 아니라 같이 먹는 새우젓이나 김치(백김치, 빨간 김치)에 따라 전혀 달라진다는 것도요.

그래서 방어와인이라고 했을 때, 우리나라 사람들이 방어만 단독으로 먹지 않는다는 것을 기준으로 하고 페어링 조합을 세분화했습니다. 특히 영향을 미치는 건 소스였습니다. 쌈장을 넣은 쌈과 먹었을 때, 고추장일 때, 기름장일 때, 같은 와인이지만 너무 다른 결과가 나왔어요.

이 관점으로 페어링을 바라보자 제가 운영하는 와인숍에 진열된 와인들도 재밌는 이름을 가지게 되었습니다. 후라이드치킨스파클링, 지코바피노, 떡볶이스파클링, 뼈찜레드 같은 이름들로요. 후라이드치킨스파클링을 팔 때는 "양념치킨이랑 먹으면 와인이 죽어요"라고 덧붙이거나, 떡볶이스파클링을 팔 때는 "엽기떡볶이가 좋습니다. 안 되면 신전떡볶이라도"라고 덧붙이면 손님들의 표정에서 어떤 안도감이 발견돼요. 이 비싼 와인을 맛있게 먹는 방법을 획득했다는 안도감. 손님의 뒷모습을 보며 와인이 아니라 안도감을 팔아 돈을 버는 건 아닐까 생각하곤 했습니다.

● 감바스알아히요 + 감바스화이트

2013년 결혼을 하고 집들이에 한이라도 있는 사람처럼 주말마다 친구들, 선배들, 동료들, 남편 친구들을 불러 와인 파티를 했습니다. 서툴지만 직접 만든 요리, 새로 구매한 가구와 소품, 일렁거리는 이케아 촛불을 켜두고 한 번씩 거쳐가는 신혼 집들이 병을 끙끙 앓았던 거죠.

초보 주부에게 여섯 명의 식사를 준비하는 일은 보통 일이 아니었습니다. 잡지에서는 참 쉬워 보이던데, 한 번 와인 파티를 하면 반차를 쓰고 일찍 퇴근해 오후 3시부터 7시까지 부엌에서 요리에 매달렸던 것 같아요. 게스트 중 한 명이 20분이라도 일찍 오면 그야말로 패닉 상태. 환대라는 건 여유와 느긋함에서 나온다는 것도 그때 배웠습니다. 1년쯤 하다 보니 요령이 좀 생겼어요. 보기도 좋고 준비도 쉽고 먹는 사람도 예쁘다고 칭찬해 주는 요리 목록이 따로 있다는 걸 알아차린 겁니다.

문어감자샐러드, 감바스알아히요, 바지락술찜. 이 정도만 있으면 적당히 분위기도 내고, 좋은 재료를 썼다는 만족감도 생기고, 무엇보다 그렇게 어렵지 않았어요. 그때 자주 만들었던 감바스알아히요는 새우와 마늘, 바게트만 있으면 10분 만에도 만들 수 있었죠. 두꺼운 롯지 프라이팬 두 개를 준비해 올리브오일을 넉넉히 붓고, 칼날로 으깬 마늘을 튀기듯 구운 뒤 물기를 완전히 제거한 칵테일 새우를 넣어 분홍색이 되면 요리는 완성이었습니다. 다진 파슬리와 부순 페퍼론치로, 파프리카파우더를 뿌려 멋을 내는 건 한참 나중의 일이었고요. 그 옆에 바게트를 수북이 담아두면 그 한 접시만으로도 어느 정도 허기가 달래져서 다음 요리를 준비하는 시간을 벌 수 있었습니다.

그때도 저는 4월의 만두화이트를 넉넉히 챙겨두고 칠링해서 대접했는데, 와인을 잘 아는 사람이든 모르는 사람이든 하나같이 그 궁합이 맛있다고 좋아해 줬어요. 감바스화이트가 가진 바닷가 와인 특유의 짭짤한 짠맛이 새우의 짠맛을 감칠맛으로 바꿔주는 역할을 아주 잘해준 거죠. 10년의 시간이 지나 신혼의 맛은 술안주의 맛으로 전환되었지만, 비장의 무기처럼 품고 있던 감바스알아히요는 2024년의 겨울에 소환되어 많은 분에게 감바스화이트의 안주로 사랑받게 되었답니다.

🌢

감바스화이트가 탄생한 포르투갈의 정체성은 세 가지로 나눌 수 있습니다. 영국인에 의해 완성된 검은 보석 같은 주정강화 포트와인, 수도꼭지처럼 펑펑 흘러나오는 산뜻한 그린와인, 수출량이 적어 많이 알려지지는 않았지만 독특한 개성과 스타일을 가지고 있는 스틸와인(화이트, 레드)입니다. 앞에서 그린와인과 포트와인에 대해 설명했는데, 스틸와인도 점점 더 전 세계에 모습을 드러내고 있다는 걸 알려드리고 싶어요. 특히 포르투갈의 화이트와인은 대구, 문어, 조개, 정어리, 오징어가 들어간 포르투갈 요리와 아주 잘 어울립니다.

리스본 시내와 포트와인을 만드는 포르투 항구 외에 제가 발견한 재밌는 지역이 하나 있는데 북쪽 해안에 위치한 마토지뉴스 Matosinhos라는 마을입니다. 한국 르코르동블루에서 만난 포르투갈 친구에게 추천받은 곳으로, 해안가를 끼고 해산물 식당이 늘어선 노량진수산시장 다이닝 버전 동네였어요.

산책을 좀 하다가 마음에 드는 식당에 들어갔고, 오후 5시쯤부터 밤 12시까지 남편과 세 병의 포르투갈 와인을 마셨습니다. 대구, 문어, 조개, 정어리, 감자, 올리브를 테이블 위에 올려놓고 대화를 나누며 마시는 포르투갈 화이트와인에는 취기가 쉽게 오르지 않던걸요. 대항해시대로 유명한 곳에서 서울의 속도는 완전히 잊고 와인의 나라가 주는 매력에 취해 포르투갈 와인을 더욱 선명하게 기억하게 되었습니다. 그 후 종종 유럽 친구들에게 이곳에 대해 이야기하면 아는 사람일 경우 깜짝 놀랍니다. 와인을 좋아하는 포르투갈 여행자분들에게 꼭 소개하고 싶은 곳이라 적어둡니다.

● 가정식 스테이크 + 스테이크레드

고기레드의 세분화는 삼겹살레드, 소고기레드, 양꼬치레드로 이어져 스테이크레드에 당도했습니다. 여기서 스테이크는 세 개의 와인과 달리 부위 페어링은 아니었어요. 크리스마스가 있는 12월의 계절와인을 고르는데 고객님들은 어떤 와인이 필요할까 가만히 상상해 보니 부위보다는 '스테이크'가 더 중요할 것 같았습니다. 〈줄리 앤 줄리아〉에 나오는 홈파티용 스테이크 말이에요.

두께 2.5센티미터가 넘는 스테이크는 집에서 구우면 연기가 자욱해져 대부분 잘 시도하지 않지만, 스테이크레드를 찾겠다고 마음먹고 보니 컬리에서 파는 리스트에도 괜찮은 게 많이 보였습니다. 그중 스타셰프의 살치살스테이크가 눈에 띄었는데, 와인에 졸인 소스, 매시드포테이토도 함께 준다고 해서 구매했어요. 새벽배송을 받은 뒤 오후에 구워서 스테이크레드로 샘플링한 와인과 페어링을 시도해 보았습니다.

저는 미국의 스테이크하우스에서 주는 사이드디시를 좋아해요. 크리미한 매시드포테이토, 크림에 절인 시금치, 감자칩, 어느 하나 우

열을 가릴 수가 없어서 그중 몇 개만 골라야 하면 항상 고민합니다.

스페인 템프라니요로 만든 12월의 레드와인은 살치살스테이크에도 기본기를 보여주었지만 매시드포테이토의 버터리한 맛과 부드러운 질감에 정말 잘 어울렸어요. 구운 브로콜리니의 순한 식감도 감싸안아 줬습니다. 부드러운 고기와 부드러운 서양식 반찬들을 어느 하나 타닌으로 위협하지 않고 하모니를 보여줬어요.

크리스마스나 밸런타인처럼 모두가 외식을 하는 날에, 저는 좋아하는 것들로 가득 채워진 집에서 시간을 보냅니다. 이케아에서 사온 빨간색 난쟁이 오브제, 양초, 〈작은 아씨들〉 영화를 틀어두고 감자와 브로콜리니 스테이크를 먹었습니다. 잔에 찰랑찰랑 채워진 스테이크레드가 곧 그해의 크리스마스가 되었습니다.

스페인 리오하는 아름다운 와인 도시입니다. 직장에 다니던 시절에는 여름휴가로 미국이나 유럽에 가야겠다는 의지가 매우 강했는데, 한 해 여름에는 스페인을 골랐어요. 차를 렌트해서 스페인 중부와 북부를 여행했습니다. 첫 도착지였던 산세바스티안과 몬테이겔도도 잊을 수 없는 여행지였지만, 템프라니요를 재배하는 와인 산지가 있는 리오하는 와인을 공부하고 좋아하는 제게 잊을 수 없는 시간을 선물해 주었어요.

스페인은 도시마다 타파스를 파는 시장이나 골목이 잘 형성되어 있는데, 리오하 로그로뇨 시내에서 양말이나 책, 카메라나 인형을 파는 가게는 아예 본 적도 없는 것 같습니다. 골목 전체가 카바, 템프라니요 레드와인, 앤초비와 만체고치즈로 뒤덮여 있던 기억만 나요.

템프라니요는 우리가 경험하는 모든 적포도 중에서도 특정한 힘에 치우치지 않는 신선한 밸런스를 장점으로 드러내는 포도라고 생각합니다. 타닌도, 산도도, 과실미도 모든 게 적당합니다. 짠맛 나는 앤초비 핀초에 먹어도, 구운 파프리카에 먹어도, 하몽 한 점에 곁들여도, 스페인식 스테이크와 먹어도 부딪히지 않았어요. 심지어 한국의 매운 족발이나 닭볶음탕을 먹을 때도 활활 타는 혀를 부드럽게 눌러주는 중화 역할을 해주었습니다.

템프라니요는 빨리 익는 포도라서 이름도 스페인어로 '일찍'을 뜻하는 '템프라노'에서 비롯되었습니다. 어쩌면 스파클링과 화이트가 해줘야 할 역할까지 골고루 빨리빨리 잘해주기 때문에 급할 때 늘 먼저 찾는 레드와인인지도 모르겠어요.

단(맛)단(맛) 단단페어링

● 슈톨렌 + 과자포트

슈톨렌은 딸기케이크나 빅토리아케이크, 체리포레스트케이크 처럼 우리가 흔히 알고 있는 케이크에 비해 어른스러운 케이크입니다. 럼주에 절인 과일과 견과류가 듬뿍 들어가 일단 무거워요. 시나몬, 아니스 같은 향신료가 더해져 어지러운 이국의 향이 녹아 있고요. 빵을 뒤덮은 슈거파우더가 입술에 닿는 순간 녹아내려 황홀합니다.

독일에서는 크리스마스를 한 달 남기고부터 슈톨렌을 먹기 시작하는데요, 먹는 방법이 재밌습니다. 가운데를 잘라서 안쪽 슬라이스부터 먹고, 매일 한 조각씩 잘라서 크리스마스 때는 가장 귀퉁이를 먹게 되는 거지요. 숙성을 통해 더 맛있어지기 때문에, 크리스마스에 먹는 슬라이스가 가장 숙성이 잘된 조각이라고 합니다.

몇 년 전부터 이상하게 겨울이 되면 생각나 찬장에 포트와인 한 병까지 추가로 구비해 놓고 잊힐 때쯤 꺼내서 먹어요. 그냥 먹어도 맛있지만 포트와인 한잔을 곁들이면 더욱 환상적인 과자입니다.

슈톨렌 페어링은 심사숙고했습니다. 슈톨렌의 어른스러움에 비하면 너무 아이 같은 단맛이나 초콜릿은 맞지 않습니다. 뱅쇼도 그 자체로는 맛있지만 슈톨렌이 주는 묵직함에 비교하면 인상이 조금 흐릿해져요. 럼주는 너무 독하죠. 제 생각에는 역시 포트와인이었습니다.

1678년부터 8년 동안 영국에서는 정치적인 이유로 프랑스 와인 수입이 금지되었고 덕분에 포르투갈의 와인 수출에 속도가 붙었습니다. 하지만 묽고 산도가 강했던 포르투갈 레드와인은 영국으로 운송되는 동안 뜨거운 바다의 열기를 견디지 못하고 식초로 변해버립니다. 영국인들을 놓치고 싶지 않았던 포르투갈 사람들은 궁리를 거듭해 와인 개조를 시작합니다. 그 시작은 두오로계곡(포르투갈 와인 산지) 가까이에 있던 라메고 수도원이었는데, 영국인들 입맛을 통과했던 포도주의 비법은 약간의 브랜디를 첨가하는 것이었다고 합니다. 그 이후로 포트와인은 영국인은 물론 포트와인 탄생에 영향을 미친 또 다른 나라 프랑스에서도 사랑받으며 가장 상징적인 디저트 와인이 되었어요.

12월에 소개한 포트와인은 까만 보석보다는 장미 보석에 가까운 로제포트입니다. 위스키나 럼의 뉘앙스보다는 장미꽃과 민트를 머금고 있는 루비 같은 술이에요. 슈톨렌 말고 곶감과 같이 먹었던 페어링도 릴스에서 뜨겁게 사랑받았습니다. 언젠가 기회가 된다면 곶감과 포트와인 페어링을 포르투갈 친구들에게 꼭 소개시켜 주고 싶은 열망이 있습니다.

1
월

January

딸기 + 딸기스파클링
개복숭아절임 + 트러플화이트
뼈찜 + 뼈찜레드

$\longrightarrow$

● 딸기 + 딸기스파클링

많은 분이 새해를 여는 와인을 기다리셨는데 수박스파클링과 비슷한 딸기스파클링을 발표하니 깜짝 놀랐던 것 같습니다. 12월에 방어라든가 스테이크 같은 강한 음식을 하도 먹어 치웠더니 1월은 미식 욕구보다는 가볍고 산뜻하게 시작하고 싶었는데, 그게 딸기가 될 줄은 저도 몰랐습니다. 그런데 샘플링한 와인을 가볍게 테이스팅 했던 자리에서 이 와인을 마시자마자 "딸기와인이다!"라며 유레카를 외쳤답니다.

업무와 연말 판매로 지쳐 있는 상태에서 1월을 시작했는데, 컨디션이 좋지 않을 때는 단맛이 더해진 와인을 찾게 되는 것 같아요. 딸기스파클링은 미에로화이바 정도의 당도가 있어서 그냥 마셔도 꿀꺽꿀꺽 맛있게 즐겼습니다.

릴스를 되돌아보니 딸기스파클링과 새콤한 추억을 많이 만들었네요. 모리나가 초코시럽을 뿌린 딸기, 냉동 파이지에 넣어 브레빌 오븐에 구운 딸기파이, 밤잼 바른 딸기산도, 발사믹식초 뿌린 하겐다즈 아이스크림, 발사믹식초 뿌린 딸기, 스파클링 페타치즈를 곁들인 딸기샐러드, 하겐다즈 녹차 아이스크림 모두 딸기스파클링과 성공했던 페어링이었어요.

♦

람부르스코로 만든 이탈리아 에밀리아로마냐의 레드스파클링은 일종의 '요물 포도'입니다. 단맛도 있지만 쓴맛도 있고, 향도 화려하고 산도도 세련돼서 요리부터 디저트까지 다양한 범주의 음식을 커버할 수 있는 와인이에요.

람부르스코는 20세기 말까지만 해도 '이탈리아의 코카콜라'라는 천박함을 의도한 별명으로 불리던 포도였습니다. 대량 재배, 대량생산에만 초점을 맞춰 포도의 향이라든지, 기포의 섬세함이라든지, 와인의 마지막 뉘앙스라든지, 세세한 요소에는 큰 공을 들이지 않고 벌컥벌컥 시원하게 마시는 노동주 역할을 했기 때문이죠.

재밌게도 이런 노동주를 만들기에 에밀리아로마냐는 '너무나' 부유한 동네랍니다. 남쪽 사람들이 건면 파스타를 먹을 때, 이 동네 사람들은 달걀을 넣은 생면 파스타를 먹었죠. 파르마햄, 프로슈토, 파르미지아노 레지아노 치즈, 모데나 발사믹식초, 볼로네제 라구파스타를 즐겨 먹는, 문화와 예술을 사랑하는 부자들이 오랫동안 역사와 미식을 쌓아 올렸습니다.

어느 날 그 후손들은 우리 조상은 이렇게 부자인데 왜 우리는 람부르스코를 가지고 이렇게밖에 못 만들까 하는 의문을 가지게 됩니다. 부르고뉴, 보르도, 리오하를 여행한 영 앤 리치 와인 메이커들이 엄마 아빠의 포도밭에서 좋은 람부르스코를 만들어보기로 하죠. 그래서 2025년을 살고 있는 우리는 그들이 만든 질 좋은 람부르스코를 서울에서 마실 수 있는 행운을 얻게 되었습니다. 토마토파스타, 프로슈토, 발사믹 찍은 치아바타, 딸기케이크에도 어울리는 한잔의 식사 같은 람부르스코를요.

람부르스코를 처음 마시는 분들은 우물쭈물하며 "콜라 같아요" 또는 "웰치스 같아요"라고 표현하기도 합니다. 하지만 다양한 람부르스코를 경험하다 보면 언젠가 분명히 그 표현은 바뀔 거예요. "땀 흘렸으니까 시원하게 한잔 해야겠다"가 될 수도 있고 "이 와인을 마시면 이상하게 먹고 싶은 음식이 너무 많아져서 배가 고파"가 될 수도 있습니다. 일상와인을 통해 얼마나 다양한 람부스르코를 소개하게 될까, 그 숫자를 상상하는 것만으로도 재미있으면서 경건한 마음이 들어요.

신분상승페어링

● 개복숭아절임 ＋ 트러플화이트

1월의 트러플화이트는 늦가을 수확한 트러플이 가장 먹고 싶어
지는 '새해의 기분'을 반영했습니다. 우리나라 겨울 중 가장 어렵고
힘든 게 1월에서 2월 사이라고 생각하는데, 뭔가 으슬으슬하고 을씨
년스럽게 춥고 회색의 가스등이 켜진 것 같은 날씨라 매일매일 서울
에서 도피하고 싶어져요. 어쩔 수 없죠. 그 또한 계절이니까. 그럼에
도 불구하고 또한 새해입니다. 1월 2일부터 새로운 계획을 준비하고
싶은 마음이 생겨나요. 그리고 더 좋은 것을 먹고 싶다, 건강하고 싶
다, 그런 마음도 1월의 것입니다.

1월이면 겨울 해산물, 소고기, 떡국, 만두, 그러다 트러플이나
어란, 카메룬의 펜자 후추까지 상상미각세포가 부풀려지며 재료에
대한 욕심이 강해집니다. 그럴 때 가장 구하기 쉬운 재료는 트러플
이 아닐까 싶어요. 트러플소스, HMR 트러플파스타를 컬리에서 검
색하다 개복숭아절임을 큰 병으로 구입했습니다. 올리브처럼 생겼
지만 올리브가 아닌 씨 없는 열매를 트러플오일에 듬뿍 절인 이탈리
아 식료품이에요.

병을 열자마자 트러플 폭포 같은 향이 쏟아져나옵니다. 식감은 뽀드득, 한 개 먹고 나면 입술이 트러플오일로 번들번들, 삼키고 나면 그 세련되고 고급스러운 신맛과 송로버섯의 아찔한 향에 중독되어 한 개를 또 먹게 됩니다. 그 맛을 알고 있으니까 미리 트러플화이트를 준비해 두었습니다. 차갑게 칠링한 트레비아노 한잔과 개복숭아절임으로 기억될 새해였습니다.

이탈리아 중부의 포도 트레비아노로 만든 트러플화이트는 잘 익은 복숭아의 맛을 쨍하고 힘 있는 산도가 튼튼하게 역도선수처럼 받쳐줍니다. 1월 와인을 오픈하자마자 배송받은 고객님의 첫 리뷰가 "개운하고 깔끔하다"였어요. 정답이라고 생각했습니다.

프랑스와 이탈리아는 서로가 와인의 종주국이라고 싸우지만, 현대인들은 고대 이집트와 메소포타미아의 싸움도 아닌 현존하는 유럽 국가의 신경전에는 큰 관심이 없습니다. 하지만 가볍게 넘기기에 이탈리아의 와인 역사는 정말 장대하죠. 기원전 800년에 그리스 정착민들이 포도를 재배했다는 기록이 있습니다. 포도 재배를 떠나 포도주를 저장한 최초의 민족이 로마인이었다고 해요. 산화방지용 와인 저장 토기 암포라도 로마인의 것이었으니까요.

흥미롭게도 현대에 이르러 1등급, 2등급 같은 등급 체계로 전 세계인에게 최고의 와인으로 각인된 건 이탈리아 와인이 아니라 발빠른 프랑스 와인이었다는 걸 알고 계실까요? 프랑스인들은 파리만

국박람회에 출전했던 1855년부터 와인 등급 정비를 시작합니다. 물론 품질도 좋았지만 등급으로 가격을 매겨 미국인들에게, 전 세계 사람들에게 와인을 팔았어요.

그 후로도 100년 가까이 '어차피 우리 와인이 최고로 맛있으니까'라며 별로 걱정하지 않았던 이탈리아인들은 눈떠보니 프랑스 와인이 고급 와인의 대명사가 된 시대에 살게 되었습니다. 부랴부랴 전략을 재정비해 DOC 등급 체계를 만든 건 그로부터 한참 뒤인 1963년이었고요. 물론 전세는 빠르게 공평해집니다. 아무리 이탈리아가 후발주자더라도 워낙 정통성 있는 계보를 가진 나라이니 토착 품종을 고집한다 한들 이탈리아 와인은 미국 사람들에게, 호주 사람들에게 '발견'되지 않을 수 없었습니다. 전 세계 사람들이 이탈리아를 찾아와 질문했고, 공부를 시작했어요.

국경을 넘어 이웃한 두 나라지만 스타일도 다르고 민족성도 다르고 포도주 성향도 다릅니다. 와인 교과서에서는 딱딱하게 두 나라의 와인 역사를 연도별 연대기로 풀어주는데, 여러분과도 공유하고 싶어 짧은 역사 단락을 추가해 보았습니다.

● 뼈찜 + 뼈찜레드

저는 대학생 때 와인과 사랑에 빠졌습니다. 핸드백과 구두 살 돈도 항상 모자랐으니 와인 살 돈은 당연히 부족했어요. 제가 소비할 수 있는 마지노선은 옐로우테일 정도였던 것 같아요. 그렇게 구입한 옐로우테일 쉬라즈를 들고 감자탕집으로 갔던 날의 일입니다.

오뚜기 후추 향으로 가득한 감자탕 고기와 옐로우테일 쉬라즈를 같이 먹는데 천상계 페어링을 발견한 거예요. 뼈에 달라붙은 빽빽한 고기에 온갖 향신료 향이 더해지면서 맛있는 한약방에 온 것 같다고 생각했던 게 지금도 메모로 남아 있습니다. 그 후 몇 번을 와인만 마시려고 시도했지만 영 입맛에 맞지 않았어요. 편의점에서 파는 자극적인 쉬라즈는 감자탕 같은 요리가 있어야 맛있게 싸우지 않고 손잡고 나란히 나아갈 수 있다는 것이 경험으로 남았습니다.

몸이 으슬으슬해서 얼큰하고 따뜻한 무언가를 먹고 싶었던 1월의 무의식 미각은 1월의 레드와인을 테이스팅하며 그중 한 병이 감자탕과 연결되어 있다는 것을 발견했어요. 한 푸디 인플루언서가 떡볶이와 불닭에 이어 한국인의 소울푸드로 등극할 것 같다고 극찬한 뼈찜을 한남동감자탕집에서 주문해 보았습니다. 감자탕에서 고기만 빼냈다는 건가 궁금했는데, 뼈가 붙은 뼈대를 콩나물과 함께 칼칼하게 버무린 아구찜과 비슷한 메뉴였어요. 달고 맵게 버무린 보쌈김치 양념이 아니라 고춧가루와 간장을 섞은 칼칼한 양념이라, 옐로우테일 쉬라즈처럼 전투적인 레드보다는 점잖으면서 구조감을 간직한 1월의 카베르네소비뇽과 잘 어울렸습니다.

딸기가 귀여웠다면 트러플은 고급스럽고 뼈찜은 호전적인 음식이죠. 남은 1년간 어떤 페어링이 나올지 몰라 고민이 널을 뛰었던 1월의 생각이 잘 반영된, 지나고 보니 참 용감한 리스트였네요. 하지만 맛있게 드셔준 고객님들 덕분에 좋은 결과를 냈던 와인이에요. 지금은 국내에서 품절되어 구매할 수 없지만 다시 먹고 싶네요.

호주는 야라밸리와 헌터밸리 같은 동남부의 와이너리도 유명하지만 오리지널 포도밭의 명성은 남서부의 포도 계곡에서 시작되었습니다. 쉬라즈 적포도가 지금의 명성을 갖게 된 고향은 바로사밸리예요. 리슬링과 샤르도네 같은 화이트와인 산지로 자리매김한 에덴밸리, 마가렛리버도 신대륙 와인의 아이콘이 된 호주 와인의 인기를 견인했습니다.

와인 산지는 전 세계에 분포되어 있어요. 태초부터 와인을 만들었던 지역을 구대륙이라고 부릅니다. 프랑스, 이탈리아, 스페인, 조지아 같은 곳이요. 현대의 지도가 형성되면서 구대륙의 포도로 독자적인 스타일의 와인을 재배해 혜성처럼 떠오른 지역을 신대륙이라고 부릅니다. 미국, 호주, 뉴질랜드, 남아프리카공화국이 신대륙에 해당되죠.

이 넓은 대륙에서 잘 자라 완성된 와인을 마시다 보면 원래는 프랑스의 포도였는데 뉴질랜드에서 스타가 된 화이트와인을 보는 게 신기하기도 하고, 보르도 포도 블렌딩으로 만들어진 레드와인이 미국 나파밸리에서 고급 와인으로 신분 상승한 게 기적 같아 보이기도 합니다.

와인과 포도의 역사는 이렇게 뒤엉키고 방대해 보이지만 결국 그 모든 정체성에 개연성을 더해주는 것은 포도 품종, 나아가 그 포도가 태어나 살아왔던 땅(테루아)일 거예요. 그래서 매장에 진열된 와인 한 병을 두고 역으로 우주를 이해하고자 하는 게 와인과 가장 멀어지는 방법입니다. 그 와인이 만들어진 나라, 지역, 품종을 들여다보고 어쩌다 그 와인 메이커를 만나 서울이라는 도시에 도착했나, 그 배경을 살피는 게 와인과 친해지는 가장 빠른 방법이고요.

나라, 지역, 포도로부터 파생된 3종목 1세트를 익히고, 그다음 어울리는 음식을 상상하고 유추해 어떤 일이 일어날지 실습해 보는 것만이 이 광활한 와인 바다에서 길을 잃지 않을 수 있는 유일한 방법이라고 생각합니다.

2월

February

옛날통닭 + 통닭스파클링
보쌈 + 보쌈화이트
만두 + 만두레드

$\longrightarrow$

● 옛날통닭 + 통닭스파클링

　　얇은 물 반죽을 입혀 통째로 튀겨낸 옛날통닭은 이상하게 추운 계절이 오면 꼭 주문하게 됩니다. 후라이드치킨처럼 세련된 느낌은 아니지만, 아직 영화나 드라마에 등장하지 않은 게 신기한 진짜 리얼 K-치킨이에요. 예전에 아빠가 퇴근하며 사 오던 노란 봉투에 담긴 옛날통닭은 고소하고 진한 기름 냄새가 진동했습니다. 후라이드 치킨보다 묽은 물 반죽을 입혀 튀겨내는데 튀김옷이 얇으니 다리를 뜯어서 입안에 넣자마자 촉촉한 닭다리살이 미각세포를 온통 흔들어요. 그때 마셔야 할 와인이 통닭스파클링입니다.

　　통닭스파클링은 6월의 후라이드치킨스파클링과는 완전히 결이 다른 와인인데요, 통닭스파클링은 잔잔하고 순수합니다. 딜, 아몬드, 꿀, 세 가지 향을 칙칙 뿜어내고 혀끝에 명랑한 산도와 간지러운 기포를 남깁니다. 어떻게 이렇게 기름 맛, 바삭한 질감, 촉촉한 살코기를 모두 한번에 리드할 수 있지? 신기할 정도로 옛날통닭이 맛있어지는 통닭스파클링이에요.

　　베토벤교향곡 6번 〈전원〉의 첫 악장에서 흘러나오는 '시골에

도착했을 때 느끼는 흥겨운 감정'을 틀어두고 이름은 옛날통닭이지만 독일의 궁전에 딸린 정원에 앉아 먹고 싶은 조합이랄까요. 와인은 이탈리아, 통닭은 〈응답하라 1999〉의 서울, 먹고 마시는 곳은 독일 궁전이네요. 자매품 닭모래집과 쥐포튀김과도 어울릴 때는 장난스러움을 넘어 희열까지 느꼈답니다.

🌢

프랑스에 샴페인과 크레망이 있다면 스페인에는 카바가, 이탈리아에는 프로세코가 있습니다. 통닭스파클링은 대중적인 여행 지역은 아니지만, 이탈리아의 상징 같은 스파클링와인 프로세코를 만드는 마을이라 와인 애호가나 미식가라면 한 번쯤 들어봤을 동네에서 만들어요. 이 귀여운 스파클링을 만드는 이탈리아 북부 베네토는 로미오와 줄리엣의 고향 베로나가 있는 주입니다.

통닭스파클링은 미국 스파클링, 프랑스 샴페인, 스페인 카바와 전혀 다른 청순한 매력을 가지고 있어요. 대포처럼 강렬한 기포를 뿜어내는 것도 아니고, 날카로운 산도를 갖고 있지도 않지만, 흰 꽃과 레몬, 멜론의 달콤한 향이 자글자글한 간지러움이 예쁜 스파클링입니다. 시끄럽게 힘 센 기포가 아니다 보니 강렬하고 자극적인 요리를 페어링하면 존재감이 사라져요. 부라타나 모차렐라 같은 생치즈, 바삭한 튀김 요리에 페어링하면 완전히 날아오르는 스파클링와인입니다.

● 보쌈 + 보쌈화이트

비법까지는 아니지만 페어링을 할 때 저에게도 핵심 기술이 있습니다. 특히 재료 베이스보다는 양념 베이스가 주를 이루는 우리나라 음식에 페어링할 때는 원재료보다 재료를 감싸고 있는 양념을 신중하게 살펴봐요. 고추장 양념인지, 간장 양념인지, 된장 양념인지, 참기름 무침인지. 전부 다 페어링에 영향을 주는 요소입니다.

방어를 먹을 때도 어떤 양념을 곁들이는지에 따라 전혀 다른 페어링이 발생해요. 참치가 메인인 김밥인지, 단무지가 튀어 오르는 김밥인지에 따라서도 달라집니다. 보쌈을 먹을 때는 하얗게 익은 촉촉한 보쌈만 생각하면 페어링에 실패하거나 갸웃거리게 되는 결과를 맞이할 수 있어요. 무엇을 곁들여 먹는지, 빨간 김치인지, 백김치인지 그 부분을 살펴야 합니다.

2월의 보쌈화이트는 제가 좋아하는 금남시장 은성보쌈에 페어링할 작정으로 샘플링을 했습니다. 은성보쌈에서 주는 김치는 빨간 무김치인데, 단맛보다는 시원하고 개운한 빨간 맛이에요. 달고 자극적인 김치가 아니니 화이트와인과 먹으면 좋겠다고 생각했습니다.

와인 카드에는 '부드럽게 익은 돼지고기 살집+돼지고기 특유의 육향+빨간색 채도의 보쌈김치 중 어느 하나 부딪히지 않고 잘 맞춰주는 산뜻한 화이트'라고 적어서 동봉했어요. 와인을 받고 보내주셨던 스토리 리뷰가 주말마다, 퇴근 후 저녁 시간마다 업로드될 때, 저도 얼마나 또 먹고 싶었는지 모른답니다.

보쌈화이트는 소비뇽블랑을 중심으로 구조감 있는 콜롱바, 향긋한 꽃 뉘앙스를 주는 그로망상까지 세 가지 포도를 블렌딩한 프랑스 화이트와인입니다. 이 포도를 와인 교과서로 배우면 재밌는 표현이 등장합니다. 구스베리, 잔디, 고양이 오줌 같은 단어들이에요. 사랑스러운 과일 향은 맞는데 어딘지 모르게 찌릿하고 강렬한 향, 알프스 소녀 하이디가 잔디밭에서 뛰어놀 때 신발 바닥에서 뭉개진 신선한 잔디와 허브의 향이 나는 맑고, 깨끗하고, 선명한 청포도인 거죠.

다만 뉴질랜드 말보로에서 재배되면 더 강렬하고, 원조인 프랑스 루아르에서는 더 섬세하고 차분하게 표현됩니다. 종종 같은 포도가 맞는지 의문을 가지는 분들도 있는데, 일란성쌍둥이가 각각 프랑스와 뉴질랜드 문화권에서 유학한 느낌이랄까요?

소비뇽블랑의 깨끗하고 청초한 신맛과 시트러스한 과일(레몬, 라임) 뉘앙스에는 매운 음식이나 기름진 음식이 아주 잘 어울립니다. 매운맛을 차분하게 눌러주고, 기름진 질감을 깔끔하게 씻어주거든요. 매운맛에도 여러 가지 계열이 존재하는데요, 소비뇽블랑은 신맛(식초)이 가미된 매운맛에 정말 잘 어울리는 걸 여러 번 확인했습니다. 쫄면, 비빔국수, 회무침과도 환상의 궁합을 이뤄요.

🫘 만두 + 만두레드

피노누아는 아주 매력적인 포도입니다. 하지만 기후변화에 예민하고 섬세한 포도다 보니 너무 추우면 복합미가 떨어지고, 너무 더우면 특징이 사라져요. 2월에 소개한 만두레드는 남프랑스에서 온 중간보다 조금 진한 느낌의 레드와인인데요, 체리부터 라즈베리까지 검은 과일, 빨간 과일의 향이 모두 있고 초콜릿과 제비꽃 같은 진한 향도 있고 가죽에 감초 향까지 더해져서 너무 매력적인 레드였습니다.

촉촉한 물만두 말고 기름에 바짝 지진 군만두와 먹으니 기름기 묻은 껍질도 고기처럼 변신하는 지점이 있었어요. 만두화이트가 클렌징 개념이라면 만두레드는 입안에서 씹히는 식감이 전체적으로 더 두꺼워지고 맛은 화려해졌던 조합입니다.

"그 어떤 와인을 마시고 즐겨도 결국은 피노누아로 종결된다"라는 문장에 공감하시는 분 아마 꽤 있을 거예요. 피노누아는 껍질이 얇고 빨리 익는 품종인데다, 기후가 변화무쌍한 프랑스 부르고뉴에서 매해 작황에 따라 맛이 크게 좌우되는 예민한 적포도입니다. 하지만 재배하기 어려운 만큼 그 작고 여린 품종이 지닌 화려한 아로마와 황홀한 여운은 그 어떤 포도에도 견줄 수 없다고 생각해요. "저렴한데 맛있는 피노누아는 없다"라는 말이 있을 만큼 전반적으로 가격대도 높죠. 그렇다고 해서 아주 비싼 피노누아가 다 맛있는 것도 아니랍니다.

쥬브레샹베르탱, 모레생드니, 샹볼뮈지니, 부조, 뉘생조르주 같은 마을 이름 말고도 작은 밭clos 이름에 와인 생산자 이름, 빈티지까지 파고 들어가면 전부 다 정복하고 싶어서 와인 애호가를 욕심쟁이로 만들어버리는 포도이기도 합니다.

일상와인에 어울리는

일상 음식의

또 다른 정리 목록

와인의 전형성을 이해하고 나면 그 와인에 꼭 한 가지 음식이 아니라 여러 가지, 하지만 비슷한 결의 음식에 맞춰볼 수 있습니다. 하나의 만두화이트라도 또 어떤 음식에 페어링할 수 있는지를 아래 리스트에서 확인해 보세요.

트러플화이트라고 소개했지만 그달의 릴스 콘텐츠에서는 개복 숭아절임에도 먹고, 트러플소스를 바른 빵에도 먹고, 트러플오일을 뿌린 파스타에도 먹을 수 있었던 건 한 가지 와인이 가진 힘이 여러 가지 영역으로 작동하기 때문입니다.

◆일상와인에 어울리는 또 다른 음식 목록

만두화이트 비비고 군만두, 태국 쏨땀, 차가운 해산물 샐러드(새우, 갑오

징어, 관자 등을 올리고 레몬즙과 올리브오일만 뿌린 것)

김밥스파클링 기본 단무지 김밥, 참치김밥, 탕수육

삼겹살레드 삼겹살, 토마토소스 파스타, 토마토소스 맛이 많이 나는 슈프림 피자

소고기레드 한우 채끝등심구이, 미국식 웨트에이징 스테이크

수박스파클링 수박, 참외

떡복이스파클링 엽기떡볶이, 불닭, 닭강정, 매운 족발

문어화이트 흰살생선회(가자미, 광어, 우럭), 대게(홍게)찜, 문어감자샐러드

순대레드 순대, 매운 순대볶음, 장어구이(데리야키소스), 부댕누아(프랑스)

꽃게찜화이트 대게(홍게)찜, 흰살생선찜(도미찜, 양념 없는 광어찜)

지코바피노 지코바숯불치킨, 순대볶음

버터화이트 카르보나라, 투움바 계열의 크림파스타

브리치즈레드 브리치즈, 카망베르치즈 계열의 부드러운 연성 흰곰팡이 치즈

양꼬치레드 양꼬치, 양고기스테이크, 마라탕

초밥화이트 흰살생선 초밥, 지라시스시

김치찜리슬링 김치찜, 김치볶음밥

방어스파클링 방어회, 광어지느러미회, 도미회

스테이크레드 안심스테이크, 등심스테이크, 살치살스테이크

과자포트 버터쿠키, 민트초코 아이스크림, 이스파한 아이스크림, 곶감

트러플화이트 개복숭아절임, 트러플소스 파스타

뼈찜레드 한남동감자탕, 아구찜, 순대볶음

통닭스파클링 쥐포, 팝콘, 개복숭아절임, 올리브, 세비체, 콩샐러드

보쌈화이트 족발, 감바스알아히요, 샤브샤브

만두레드 순대볶음, 콩테치즈

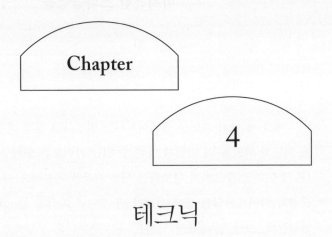

Chapter

4

테크닉

🍃 온도

불행해지고 싶다면
미지근한 스파클링을

매월 세 가지 와인을 큐레이션하는 일상와인 상세 페이지에서는 이달의 와인을 더 맛있게 마실 수 있는 가이드를 함께 제공합니다. 그중 가장 중요하게 강조하는 세부 사항은 온도예요. 우선 스파클링과 화이트와인은 병에 성에가 낀 것처럼 차갑게 칠링하시라고 권하는데, 그냥 "칠링해서 드세요"라는 부드러운 문장으로 권하면 얼마만큼 차갑게 마시라는 것인지 짐작하지 못하는 고객님도 많습니다. '아, 보쌈집 냉장고에 들어 있는 사이다처럼 차갑게 마시라는 거구나'라고 상상할 수 있도록 온도에 대해서는 조금 자극적으로 강조하는 편이죠. 미적지근한 화이트나 스파클링와인을 마시는 건 돈을 버리는 일과 마찬가지라고 덧붙이기도 하고요.

레드와인을 마시는 온도는 조금 더 디테일이 필요합니다. 매장에서 구입한 와인이든, 택배로 받은 와인이든, 일단 냉장고에 보관하세요. 반나절, 하루, 일주일? 아무 문제없답니다. 그러다 토요일 오후 6시에 그 와인을 마셔야 한다면 오후 5시 30분에 와인을 꺼내 상온에 보관합니다. 상온에서 30분 정도 둬서 온도가 높아진 와인 병을

만져보면 아주 기분 좋게 서늘할 거예요. '서늘한 것'과 '추운 것'은 전혀 다른 개념인데, 서늘함이 10월 날씨라면 춥다는 건 1월 날씨와 비슷해요. 서늘한 온도에서 시작하면 레드와인을 마시는 1~2시간 동안 온도가 서서히 높아져 마지막 잔을 드실 때는 향의 절정을 느낄 수 있습니다.

참고로 아주 좋은 빈티지의 수십만 원짜리 와인이 아니라면 전부 다 냉장고에 보관해도 무방합니다. 아주 추운 겨울, 아주 더운 여름이 아니라면 햇빛이 들지 않는 베란다 팬트리, 수납장에 보관해도 문제없고요. 다만 세워두지 말고 눕혀서 보관해야 합니다. 만약 2~3주 정도 와인을 세워둔 채 방치했다면, 와인병목의 코르크와 와인이 닿도록 부드럽게 종종 흔들어주면 됩니다. 코르크가 변질되는 부쇼네를 방지하기 위한 것으로, 스크류캡으로 밀봉된 와인은 흔들어줄 필요가 없습니다.

● 부쇼네

비상!
코르크에 문제가 생겼다

소중하게 구매한 와인을 오픈하는 순간은 언제나 설렙니다. 스크류캡으로 밀봉한 와인은 마개를 비틀어 여는 데 걸리는 시간이 짧지만, 코르크로 밀봉된 와인은 소믈리에 나이프를 밀어 넣어 지렛대로 빼내야 하니까 그보다는 시간이 더 걸려요. 소믈리에 나이프에 삽입된 작은 칼날로 코르크를 덮고 있는 병목의 알루미늄포일을 벗겨낸 뒤 꼬불꼬불한 스크류를 코르크 중앙에 45도 기울여 쿡 찍고, 수직으로 일으켜 세워 슬슬 밀어 넣는 과정을 거칩니다. 두 번의 지렛대 들어 올리기 과정을 통해 코르크를 뽑고 나면, 그다음 해야 할 행동은 코르크에 문제가 없는지 확인하기 위해 향(냄새)을 맡아야 합니다. 대부분의 코르크에는 문제가 없겠지만, 아뿔싸 한여름 종이 박스가 잔뜩 쌓여 있던 자리에 장마가 지나간 듯한 마른 곰팡이 냄새가 풍긴다면 불길한 징조겠네요. 정확히 부쇼네입니다.

부쇼네는 와인이 보관되던 당시의 상황에 따른 결과로, 미세한 공기구멍을 통해 숨을 쉬고 있던 코르크에 문제가 생겼다는 뜻이에요. 불어로 코르크는 뜻하는 부숑Bouchon에 문제가 생겼다, 그래서 부

쇼네Bouchonné라고 칭합니다.

너무 더운 곳에서 보관해 와인이 끓어올라 코르크를 위협한 와인, 한번 얼었다가 녹으며 액체가 흘러넘쳐 코르크가 상한 와인, 세워둔 채로 방치되어 와인과 코르크의 접촉이 거의 없었던 와인, 부쇼네의 원인은 다양하게 찾을 수 있어요.

이 냄새를 인지했다면 구매처에 연락해 문제가 발생했음을 전달하고 판매 담당자와 여러 가지 해결 방법에 대해 논의할 수 있어요. 다만 지나치게 많이 마셨거나 일주일 정도 지나 보관법을 확인할 수 없는 와인을 되돌려보내는 건 문제 상황입니다. 부쇼네는 시음 없이 코르크만으로도 확인할 수 있는 확실한 문제이며, 정확한 확인을 위해서는 한두 모금의 시음이면 충분해요.

부쇼네는 아주 즐거운 현상은 아니지만, 살면서 필연적으로 만나게 되는 와인의 숙명 같은 현상이기도 합니다. 부쇼네를 인지하지 못하고 변질된 와인을 마시는 건 불행한 일이죠. 하지만 교육을 위해 억지로 부쇼네 와인을 찾아내거나 만드는 일은 불가능합니다. 그래서 오프라인 모임이나 행사가 있을 때 부쇼네 와인을 발견하면 이상한 말이지만 한편으로는 무척 즐거워요. 자리에 참가한 모든 사람에게 부쇼네를 경험하게 해주고, 멀쩡한 와인의 완벽한 향을 대조시켜 주며 왜 부쇼네를 이해해야 하는지 전달하기도 합니다. 세상에서 가장 좋은 것은 그것이 변질되거나 나빠졌을 때의 불행함을 이해한 뒤로부터 오는데, 부쇼네는 우리에게 그런 깨달음을 주는 현상입니다.

● 스월링

자고 있던 와인을 살살 깨워
하품하게 하는 일

와인잔에 따른 와인이 처음부터 폭발적으로 자신의 정체성을 드러내는 경우도 있지만, 놀라울 정도로 평범하고 고요하게 낯을 가리는 경우도 있습니다. 말을 걸지 않으면 영원히 뒷자리에서 한마디도 하지 않는 친구 같은 느낌이죠. 그럴 때는 벌컥벌컥 마셔버리는 것보다, 와인 손잡이(스템)을 잡고 회오리 방향으로 살살 돌려주며 와인을 흔들어 깨워주는 스월링을 합니다.

이 과정을 통해 잔에 담겨 있는 와인이 공기와 만나며 생산자가 표현하고 싶었던 예쁜 향과 뉘앙스를 꺼내놓기 시작해요. 스월링하기 전에는 무색무취의 알코올 같았던 액체가 스월링을 통해 갑자기 레몬, 아카시아꽃, 흰 후추 향을 뿜어내기 시작하는 거예요. 이 향은 15분 뒤, 30분 뒤, 한 시간 뒤, 계속 재밌는 향으로 바뀌거나 더해지는데 단순하고 저렴한 와인에서는 처음에 나던 향도 멈춰버리는 경우가 있습니다. 와인에 부쇼네가 발생해 문제가 생긴 게 아니라면 그 모든 것은 결국 그 와인을 만든 생산자의 의도입니다. 나라, 지역, 품종, 가격과 긴밀하게 연결된 결과인 거죠.

스월링을 할 때 가장 중요한 건 잔에 담긴 액체를 흔들어 깨우는 일입니다. 스월링 동작에 너무 신경을 쓰다 보면 어깨를 휘휘 돌리기도 하고, 팔꿈치 아래를 휘휘 돌리기도 하는 희한한 자세가 나오기도 해요. 이런 경우에는 대개 와인을 쏟거나 옷에 튀어 소란스러워지는데, 처음 스월링을 시도한다면 아무도 보지 않을 때 해보기를 권합니다. 와인잔을 잡고, 안의 액체를 노려보고, 액체만 회오리치는 장면을 상상해 보세요.

그리고 손목 위쪽은 절대 움직이지 않겠다고 생각하며 손목에 힘을 빼고 슬슬 액체를 돌립니다. 잔을 돌리는 게 아니라 액체를 돌립니다. 걱정이 무색해질 만큼 맑은 포도주가 고요하게 찰랑찰랑 흔들리는 광경을 목격할 수 있습니다. 그 과정을 통해 첫 모금에서는 느껴지지 않았던 레몬과 아카시아꽃, 흰 후추의 귀여운 향과 맛이 깨어났다면, 축하드려요! 여러분의 스월링은 성공했습니다.

● 아로마

와인 명찰

와인 향을 다루는 전문 서적을 보면 해당 페이지에는 꼭 도표가 있습니다. 군더더기 없고 깔끔한, 그냥 한 번에 외워버리기 좋은 도표죠. 하지만 저는 도표를 보면 항상 아쉬웠어요. 향은 무수한 계절과 날씨, 나라와 땅의 유전자가 담긴 살아 있는 이야기입니다. 잘 정리된 도표로는 피노그리지오의 레몬 향과 비오니에의 백합꽃 얘기에 담긴 마음을 전달할 수 없죠. 언젠가 와인 책을 낸다면 도표가 아닌 텍스트가 빼곡한 페이지를 쓰고 싶다는 꿈이 있었답니다.

와인 향 공부는 아주 쉬워요. 꽃과 숲, 봄과 가을, 호수와 정원을 사랑하는 이에게는 공부로 느껴지지 않을 만큼 쉬운 세계입니다. 또한 이 세계를 이해하고 즐겨야만 와인을 '기억'할 수 있는데, 제가 2006년에 마셨던 몬테스알파와 함께 마셨던 친구와의 시간을 또렷하게 기억할 수 있는 이유는 그 와인에 깃들었던 향을 정확한 단어로 인지해 기억에 심어두었기 때문이에요.

저에게 그 와인은 '맛있는 젊은 시절의 레드와인'이 아니라, 체리와 자두, 후추 향이 가득한 흙의 뉘앙스를 가지고 있는 텁텁했던 레드와인이었습니다. 와인을 기억하게 해주는 건 라벨, 생산자 이름, 그날의 기분이 아니라 그 와인에 담겨 있던 향이랄까요. 그 단어들이 어떤 논리로 드러나고 드러나지 않는지를 이해하지 못하면, 내가 마셨거나 마시게 될 와인을 내 언어로 기억할 수 없습니다. 향을 공부하는 것은 와인에 달아줄 명찰을 만들어주기 위한 것이었어요.

와인 향은 우리가 경험했던, 그리고 한 번쯤 들어봤던 단어들의 사전으로 가득합니다. 그중에서도 우선순위가 있는데, 가장 중요한 향은 과일이에요. 저 역시 방금 테이스팅한 와인을 설명하기 위해 제일 먼저 꺼내는 단어 카드가 과일인데, 그 이유는 앞으로 펼쳐질 수많은 다른 향, 그리고 산미와 구조감 같은 무형의 골격에 기준점을 잡아주기 위해서입니다. 과일은 가장 단순한 와인 DNA인 거죠.

시음한 사람의 입술에서 맨 처음 나오는 단어가 레몬인지, 황도복숭아인지, 파인애플인지, 산딸기인지, 체리인지, 그 단서가 중요합니다. 그 와인이 어떤 환경에서 자라 어떤 퍼포먼스를 보여줄지 가장 정확한 핵심을 알 수 있기 때문이에요.

과일 다음으로는 꽃, 허브, 향신료, 지구earthy 향 등 2차 향이 이어집니다. 이 순서를 기억하면 수천만 개가 넘는 단어사전에서 내가 마시는 와인을 표현하기 위해 꺼내 써야 할 적확한 핵심을 찾을 수 있어요.

아무리 강조해도 부족하지 않은 아로마편 주의 사항 하나. 과일과 꽃으로 와인 향을 표현할 때 화이트와인과 레드와인을 표현하는 향은 다릅니다. 프랑스 보르도 레드와인을 두고 흰 복숭아 향과 백합꽃 향기가 난다고 표현할 수는 없는 일이죠. 아무리 고집을 부

려도 사과의 철자는 epple이 될 수 없습니다. 수십 세기에 걸쳐 전해져온 타국의 포도주가 지켜온 완고하고도 변하지 않는 질서를 건드리는 건 실례의 영역이고요. 그걸 무너뜨리면서 자유로워지는 표현은 존재하지 않습니다.

내추럴와인이 트렌드로 소비되던 때, 오줌 같은 레드와인을 두고 흰 복숭아와 백합꽃 향기를 예찬하던 옆 테이블의 명랑한 대화는 아무래도 듣기 힘든 일이었다고 솔직히 고백합니다.

좀 더 구체적인

와인 명찰 이야기

○ 과일

스파클링과 화이트와인에서는 흰 과일 향이 난다. 추운 지역에서는 시트러스한 과일 향, 더운 지역에서는 열대과일 향이 난다. 온화한 지역의 과일 향은 그 중간쯤이다. 시트러스한 과일 향에는 레몬, 라임, 자몽이 있다. 온화한 지역의 과일 향은 사과, 배, 살구나 복숭아 같은 핵과일로 발전한다. 더운 지역의 과일 향은 리치, 패션프루츠, 파인애플 같은 본격적인 열대과일 향이다. 이걸 이해하고 있으면 타는 듯 뜨거운 미국 나파밸리의 묵직하게 오크 숙성한 화이트와인을 마시고 레몬과 라임을 예찬하는 불길한 일은 발생하지 않는다. 반대로 서늘한 부르고뉴 샤블리 지역의 상큼한 프티샤블리를 두고 파인애플과 리치 향이 가득하다고 칭찬할 수는 없다. 정확한 정체성을 통해 그 와인을 이해해야 시음부터 페어링에 이르는 긴 여정을 내 것으로 만들 수 있다.

반면 레드와인의 과일 향은 화이트와인과는 정반대다. 레드와인에서는 빨간 과일 향이 난다. 서늘한 지역에서는 핀란드의 자작나무숲에서 따왔을 것 같은 시큼하고 털털한 산딸기, 라즈베리 계열의 과일 향이 난다. 점점 더워지는 와인 산지의 레드와인에서는 그만큼 향이 더 짙어지는데, 붉다는 표현을 넘어 검붉은 과일, 또는 검은 과일이라는 표현을 쓴다. 블랙커런트, 블랙베리, 체리, 자두의 향은 언제나 산딸기보다 진하다.

이 표현을 정확하게 하기 위해서는 눈앞에 놓인 단 한 병의 와인이 아니라, 그 와인의 출생지를 먼저 묻고 확인해야 한다. 어떤 나라, 그중에서도 어떤 지역(추운? 서늘한? 온화한? 더운?)인지, 그리고 무엇보다 정체성에 가장 크게 관여하는 포도 품종은 무엇인지 등 그 정보를 기반으로 우리는 와인을 표현할 수 있는 안전한 바운더리를 부여받고, 자유롭게 응용하고 표현할 권리를 갖는다. 와인은 결코 자유로운 술이 아니다. 거대하게 쌓인 역사 속 데이터베이스를 기반으로 주어진 것을 응용하고 편집할 줄 아는 현대인들에게 주어진 포도주 한잔 규모의 즐거움이다.

◇ 꽃

꽃에도 흰 꽃과 붉은 꽃이 있다. 부르고뉴 피노누아를 두고 아카시아 향기가 난다고 표현하지 않는 것처럼, 샤블리 화이트와인을 두고 장미 향이 풍부하다고 표현하지 않는다. 흰 꽃과 붉은 꽃을 구별하는 것만으로도 와인 알파벳을 몰라 저지르는 표현의 실수를 줄일 수 있다. 흰 꽃에는 아카시아, 재스민, 백합, 붉은 꽃에는 장미, 제비꽃 같은 표현을 쓴다. 그 외에 더 다양한 꽃의 이름을 알고 있다면 이 시각적인 구분에 기반해 얼마든지 자유롭게 내가 느낀 꽃 향을 표현해도 된다.

◐ 풀

과일이나 꽃 외에도, 조금만 더 귀 기울이면 찾아낼 수 있는 귀여운 향이 있다. 그게 바로 풀 냄새라고 생각한다. 아무런 이름을 갖지 못한 봄날 산책로의 풀 같은 향이 와인에서 느껴질 때, 엄청난 감탄사를 내뱉을 수는 없지만 기분이 싱그러워진다. 그런 기분을 주는 풀의 카테고리에는 뉴질랜드 소비뇽블랑에서 자주 발견되는 잔디 향도 있고, 허브 향도 있다. 상큼한 애플민트, 살짝 어지러운 듯 잔상을 남기는 딜, 시원하고 강직한 로즈메리, 청량하게 퍼지는 유칼립투스 같은 향이다. 이런 허브 향이 발견되면 '아, 와인을 발효할 때 포도와 포도 껍질 말고도 포도나무 가지를 함께 넣었구나'라는 교과서적인 생각에 당도하기도 하지만, 대개는 당장 서울숲에 가서 그린와인을 한 병 마시고 싶은 생각이 간절해진다. 허브 향을 찾아내면 게임에서 희귀템을 발견한 기분이라 그 단어를 발음할 때의 성량은 언제나 솔 톤이 된다.

◐ 향신료

엄마가 할아버지께 드릴 약재를 우려서 면포에 짜낼 때 풍기던 그 진하고 짭짤한 검은 향은 내게 향신료의 원산지였다. 성인이 되고 음식과 와인을 좋아하게 되면서 향신료에는 각각의 이름이 있다는 걸 알게 되었다. 배숙 끓일 때 배의 표면에 꽂아두는 팔각형 모양의 스타아니스, 뱅쇼를 끓일 때 빠질 수 없는 시나몬 스틱, 스웨덴을 여행할 때 처음 제대로 씹어본 감초의 짜고 검은 맛, 코르동블루 수업에서 처음 사용법을 배운 노란 물이 배어드는 연약하고 값비싼 샤프란, 맵고 시원한 스페인의 파프리카 파우더까지. 이 단어들을 나열할 때면 남편은 소싯적 즐겨 했던 <대항해시대> 게임에서 본인이 유통했던 거라며 자랑스러워한다.

향신료가 선물해 주는 아로마는 과일이나 꽃, 풀이 주는 힘과는 달리 어딘지 모르게 환상적이고 이국적이고 우리를 다른 세계로 데려다준다. 위에 기재한 향은 전부 레드와인에서 드러나는 검은 향이다. 흰색 향신료는 가짓수가 적은데, 흰 후추와 생강을 예로 들 수 있다. 프랑스 알자스의 빈티지 리슬링을 마셨을 때 바로 그 흰 후추와 생강 향을 맡고 너무너무 신기해서 코를 잔에 밀어 넣고 킁킁거리며 향을 맡았던 기억이 난다. 그런 향은 아무리 시간이 지나도 상상하는 즉시 코끝으로 소환되어 그날의 기분을 되살린다.

✿ 지구 향

실제로 'earthy'라는 영어로 표기하는 단어다. 이 카테고리에 포함된 단어들은 사람의 발길이 쉽게 닿지 않는 야생의 향, 자연의 향이 대부분이다. 양송이버섯을 잘랐을 때 나는 촉촉하면서도 뭉근한 향, 낙엽이 가지고 있는 구수하면서도 생생했던 시절의 풀 내음이 더해진 향, 물을 머금은 축축한 잔디, 마른 흙 또는 비 내린 뒤의 흙, 시골 강아지의 털에서 나는 냄새를 지구 향으로 분류한다. 아직 와인에서 사과와 복숭아 향밖에 맡아보지 못했다면 살아가면서 만나게 될 긴긴 와인 여정에서 이런 향을 향수처럼 뿜어내는 와인을 만났을 때 오열하게 될지도 모른다. 이런 향을 드러내는 와인은 대부분 어떤 경지에 오른 와인들로 가격을 떠나서 아름답고, 황홀하고, 잊지 못할 순간을 선물한다.

와인 이름에
형용사를 붙여주는 일

첫 모금에 맛있다고 느낀 와인이라도 산도가 이어지지 않으면 볼품이 없어져요. 아무리 치장해도 지속적인 매력을 느끼기가 어렵죠. 와인에서의 산도는 단어 그대로 레몬즙에서 느껴지는, 또는 새콤한 포도를 먹을 때 느껴지는 신맛입니다. 포도로 만든 술이기 때문에 와인에는 자연스러운 산미가 존재하는데, 이 산미는 와인이 뿜어내는 향을 뒷받침해 주기도 하고 빛내주기도 하는 고유의 역할을 합니다.

산도를 표현하는 방법은 단순해요. 시음한 뒤 혀에서 인지한 산도의 위치를 가늠해 보는 거예요. 산도는 아예 없을 수도 있고(그러긴 어렵지만), 아주 높고 날카로워 정신이 번쩍 들 수도 있는데, 그 안에 단계를 설정해 두면 표현법이 쉬워집니다.

산도가 거의 느껴지지 않아요.

산도가 살짝 있는데 침이 살짝 고이네요.

산도가 경쾌하고 명랑해요. 식욕을 자극할 정도예요.

산도가 쨍하고 날카로워요. 직선적이고 분명한 산도가 있네요.

산미가 너무 심한데요? 좀 기다렸다 부드러워지길 기다려야겠어요.

와인을 마실 때는 이 다섯 단계의 표현을 넘나들며 사용하게 되는데, 세 번째 표현이 자연스럽게 나올 때 우리는 그 와인이 가장 맛있다고 느끼곤 합니다.

● 구조감

와인이 가진
전체적인 아우라를
표현한다면

와인에는 체급이 있습니다. 울트라라이트, 라이트, 미디엄, 풀바디, 이런 체급 말입니다. 라이트, 플라이, 슈퍼플라이 같은 느낌이랄까요? 와인에서는 이걸 라이트, 미디엄, 풀바디로 표기하고 있어요.

오프라인에서 오랫동안 매장을 운영하고 있는 저는 와인을 처음 접하는 사람도 쉽게 이해할 수 있도록 요모조모 궁리를 많이 했습니다. 다짜고짜 '미디엄바디'라고 소개해 버리면 와인을 처음 접한 손님의 눈동자가 불안해지기도 해요. 그걸 여러 번 목격하다 보니 굳이 와인 업계가 정해놓은 문법을 사용할 필요가 있을까 싶어서 일상와인다운 방식으로 와인의 구조감을 재정비했습니다. 이 리스트는 제가 와인의 구조감과 바디감을 설명할 때 쓰는 설명인데요, 이걸 보면 내가 선택한 와인의 지점이 대략 어디인지 쉽게 알 수 있습니다. 초등학생도 이해할 수 있는 문장이니 천천히 살펴보세요.

❀ 부드럽고 섬세한 스파클링
❀ 역동적이고 힘찬 스파클링

❋ 가볍고 신선한 화이트

❋ 부드럽고 유질감 있는 화이트

❋ 묵직하고 구조감 있는 화이트

❋ 가볍고 산뜻한 레드

❋ 부드럽고 섬세한 레드

❋ 묵직하고 진한 레드

이 단순한 차트는 우리가 와인을 어렵지 않게 고를 수 있도록 도와주는 최소한의 가이드예요. 발효 과정에서 만들어진 글리세롤이라는 성분이 와인의 무게감에 영향을 주긴 하지만, 일상생활에서 와인을 마시며 "이 와인은 글리세롤 함량이 높은지 알코올이 매우 끈적거리는군"이라는 문장을 말할 일은 없습니다. 표현한다 해도 듣는 사람이 반가워하지 않을 거고요. 중요한 건 그 와인의 인상이겠죠.

김밥스파클링(4월 일상와인)이 역동적이고 힘찬 기포로 단무지와 친구가 된다는 것, 브리치즈레드(10월 일상와인)가 부드럽고 섬세해 오븐에서 살짝 익힌 크리미한 브리치즈와 잘 어울린다는 것, 스테이크레드(12월 일상와인)가 묵직하고 진해서 살치살스테이크에 곁들인 매시드포테이토나 크림시금치를 충분히 커버한다는 것. 그 와인의 인상으로 인해 같이 먹고 마시는 음식이 결정되고 그래서 풍요로운 식탁으로 연결된다는 것. 그것만 전달되면 충분하다고 생각합니다.

● 전체적인 인상

직접 조합해서
말해보는
나만의 와인 감상법

우연히 참석하게 된 와인 수업에서 강사가 와인의 전반적인 느낌에 가장 큰 점수를 줄 수 있는 '피니시'라는 단어를 이렇게 설명했습니다.

"자, 여러분 눈을 감아보세요. 그리고 방금 목으로 삼킨 와인의 맛이 얼마만큼 이어지는지 손가락을 펴고 세어보세요. 하나, 둘, 셋. 이 숫자가 길어질수록 피니시가 긴 와인이랍니다."

그때는 나이가 어리기도 했고, 그렇게 설명하는 강사의 설명이 옛날식이며 전문적이지 않다고 되바라지게 생각했던 기억이 납니다. 그런데 한참의 시간이 지나 와인의 피니시에 대한 글을 정리하려고 책상에 앉았는데, 그 방법이 아주 절묘한 정리법이었다는 생각이 문득 들었어요.

와인 메이커가 방문하면 먼저 객관적인 사실을 전달한 뒤, 시음자의 총평을 듣게 됩니다. 그래서 피니시, 즉 전체적인 와인의 인상을 종합해서 총평할 때는 말이 길어질 수밖에 없어요. 더듬더듬 기억을 꺼내고 단어와 문장을 조합해서 와인 메이커에게 내가 마신

와인 이야기를 들려주어야 합니다. 그때 모든 것을 아우르는 단 한 문장은 저 하나, 둘, 셋의 숫자가 길었다고 말해주는 것이 아닐까요? 다르게 표현하면 이런 문장이 되겠네요.

"이 와인은 잊히지 않고 계속 떠올랐고 다시 마시고 싶어졌어요."

자신이 만든 와인을 고슴도치 자식만큼 끔찍이 사랑하는 와인 메이커에게 이보다 더 감동적인 총평, 이보다 더 긴 피니시는 없을 것 같군요. 물론 저 문장 하나를 달달 외워 모든 걸 설명할 수는 없습니다. 1번부터 6번까지의 기본을 차곡차곡 빌드업해야, 7번의 인상에 도달할 수 있으니까요. 선배나 어려운 사람이 사주는 맛있고 비싼 와인을 마시면서 평가를 해야 하는 곤란한 입장에 처한다면 다음과 같은 방식을 사용해 보세요. 아래 순서대로 연결해 서너 문장을 한 번에 문단으로 말해버리면, 사람들은 당신이 와인 천재라고 생각할지도 모릅니다. 정말로 효과 있는 방법이에요.

(1) 와인에서 나는 향을 최소 한 가지 찾기. 두 가지면 더 좋다
(2) 그 와인의 산도가 위치한 지점 찾기
(3) 그 와인이 가진 구조감 인지하기
(4) 총평하기

위의 순서대로 엮은 사례는 다음과 같으니 가볍게 읽어보세요.

 5월의 올리브화이트를 마신 김그린 씨의 총평:
레몬과 청사과 향이 엄청 산뜻해요. 새콤해서 침샘에 침이 고였고, 그렇다고 아주 무겁지는 않은 가볍고 경쾌한 와인이

에요. 포르투갈의 바닷바람 부는 해변에서 대구나 문어 요리를 한없이 비우고 싶은 맛?

→ 9월의 포카칩스파클링을 마신 이감자 씨의 총평:
고소한 아몬드와 버섯 향이 나는데 느끼하지 않아요. 산도가 엄청 쨍한데 날카롭게 느껴지진 않네요. 청량하지만 무겁게 툭 떨어지는 무게감이 있어서 자꾸 마시고 싶고, 포카칩이랑 먹으면 왜 맛있는지 알 것 같아요. 감자칩의 짠맛에 착 달라붙는 것 같은 느낌?

→ 2월의 만두레드를 마신 최만두 씨의 총평:
피노누아라고 해서 엄청 가벼울 줄 알았는데 산딸기나 라즈베리보다는 조금 무거운, 블루베리 계열의 향이 산뜻했어요. 산도가 아주 부드러워서 꿀꺽꿀꺽 넘어가는 질감인데, 아주 가볍지도 아주 무겁지도 않아서 마시기 편했습니다. 기름에 구운 만두, 기름에 볶은 볶음밥에 잘 어울릴 수밖에 없겠네요!

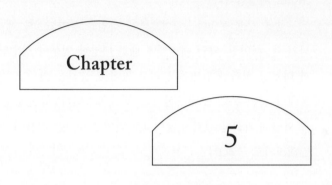

Chapter 5

속 시원한
와인 무물

자사몰(wkd-seoul.co.kr)과 회사 소식을 가장 빠르게 전하는 인스타그램(@wkd.seoul)을 운영하고 있지만, 가장 활발하게 고객 소통 커뮤니케이션이 일어나는 곳은 창업자인 제가 운영하는 @wickedwife. creator 계정입니다.

종종 무물(무엇이든 물어보세요) 타임을 갖기도 하는데 와인 맛, 와인 툴, 페어링, 와인 에티켓에 대한 다양한 질문이 접수되면 최대한 빠르고 정확한 답변을 드리고 있어요. 출간을 앞두고 진행한 무물에서 많은 분이 보내주신 질문을 소개합니다. 답변을 읽다 보면 꼭 와인 교과서를 펼치지 않더라도 와인을 대하는 마음이 가볍고 명랑해질지도 몰라요!

jiwon★★★★★

레드와인 중에 달콤함이 팡팡 터지는 맛있는 와인 추천 부탁드려요!

답글달기   >

화이트와인이라면 독일의 일정 등급 이상 화이트와인을 추천해 드릴 텐데, 아쉽게도 레드와인 중에는 스위트한 와인이 없어요. 다만 기포도 괜찮으시다면 실습 페이지에서도 '떡볶이스파클링'이라고 소개한, 이탈리아 북부 에밀리아로마냐에서 람부르스코로 만든 레드 스파클링을 추천할게요.

rosie★★★

제일 좋아하는 호주 와인이 궁금해요! 시드니 거주자 드림.

답글달기   >

이 책의 첫 챕터에 멜버른 식당에서 마신 '떡볶이스파클링'의 정체가 나오는데요, 그 브랜드를 마시지 못한지 10년 정도 된 것 같지만 죽는 날까지 기억 속에 각인된 그 이름은 잊지 못할 것 같아요. 브라운브라더스라는 호주 생산자가 만든 스위트스파클링이었습니다. 글을 쓰면서도 44세의 제가 24세였던 시간이 생생하게 떠올라 마음이 몽글몽글해지네요.

winte★★★★★

생연어와 훈제 연어는 페어링하는 와인이 다를까요?

답글달기   >

아주 섬세한 질문입니다. 같은 연어지만 훈제 연어에는 스모키한 훈연 향이 살짝 덧입혀져 있어요. 드라이한 로제와인과 맑고 가벼운 피노누아 레드와인을 고르면 두 가지에 모두 어울립니다. 하지만 약간의 스모키한 뉘앙스를 가지고 있는 프랑스 루아르 지역의 상세르 소비뇽블랑은 생연어보다 훈제 연어에 더 잘 어울릴 거예요. 이런 기준으로 페어링을 바라보면 고추장비빔밥과 간장비빔밥 페어링에 대해서도 응용해서 생각해 볼 수 있습니다.

jji_yn★★★★

통닭스파클링과 만두레드? 네이밍은 어떤 의미인가요?

답글달기 >

통닭에 어울리는 스파클링와인, 만두에 어울리는 레드와인이라는 뜻입니다. 통닭이 들어갔냐고 물어본 고객님도 있었는데 충분히 그렇게 생각할 수 있다고 생각한 귀여운 질문이었어요. 저는 나라와 지역, 품종을 기반으로 와인을 큐레이션하지만 이 명찰을 전면에 내세우면 고객님들은 어렵게 느낍니다. 그래서 그기반을 페어링(음식)으로 연결해 가장 잘어울리는 핵심 단어를 정하고, 그걸 별명처럼 불러주고 있어요.

yeonj★★★★

산미가 강한 소비뇽블랑을 마시면 스파클링와인이 아닌데도 혓바닥이 톡톡 튀는데 착각일까요?

답글달기 >

착각 아닙니다! 와인이 서늘한 온도에서 자연스럽게 발효되면 스스로 머금는 약간의 탄산이 생겨요. 화이트와인이지만 피지(fizzy)한 기포를 갖게 되는데, 그걸갖게 되도 스파클링으로 분류하지는 않습니다.

miiin★★★

와인잔 모양에 따라 와인 맛이 크게 다르게 느껴질까요? 집에서 마시기 좋은 다용도 잔도 추천해 주세요!

답글달기 >

가격이 7~10만 원 이상의 와인이라면 분명히 차이가 납니다. 고가의 와인일 경우 저도 그 지역에 특화된 마이크로 큐레이션 와인잔을 사용해요. 하지만 일상와인은 고가 와인에 비해 우리가 헤아릴 수 있는 정도의 향을 가지고 있어요. 맥주잔이나 소주잔, 플라스틱 잔만 아니라면 와인잔 형태를 가진 그 모든 봉긋한 잔에 드셔도 돼요. 본연의 향이나 맛이 사라지지 않으니 염려하지 마세요. 제가 좋아하는 일상와인잔은 이케아의 푀르식틱트, 리델의 오글라스, 일본 키무라사의 밤비글라스입니다. 밤비-오글라스-푀르식틱트 순으로 유리가 두꺼워지는데, 혹시라도 즐거운 마음에 흥청망청하다 깨질 것 같은 마음이 드는 날에는 무조건 푀르식틱트를 꺼내 써요. 장난감같이 귀여운 디자인인데 품위 있고, 처음 구입했던 여섯 개의 잔 중 한 개도 깨뜨리지 않아 제 릴스에도 가장 많이 등장하는 잔이랍니다.

jiwonn★★★★

오픈해서 다 못 먹는 와인은 어떻게 해야 할까요? 마개 추천 제품 있으면 알려주세요.

답글달기   >

저는 윌리엄소노마와 르크루제의 진공펌프를 구매해서 사용하고 있어요. 펌핑하는 도구와 스토퍼가 같이 들어있는데, 이 과정만으로도 병 안의 산소가 진공돼 와인의 노화 시간을 단축할 수 있어.

byeon★★★★

남은 스파클링와인도 와인 마개로 닫았다가 먹어도 되나요? 스파클링와인이라 안 될 것 같아서 다 마시다가 만취엔딩 갔어요ㅠㅠ

답글달기   >

온라인쇼핑몰에서 '스파클링 스토퍼'라는 상품을 구매해 두시면 편합니다. 일반 스토퍼를 꽂아두면 펑 날아갈 위험이 있기 때문이에요. 기포는 스파클링와인이 가진 중요한 핵심 요소지만, 기포가 날아갔다고 해서 와인이 아닌 것은 아닙니다. 기포가 빠진 와인은 화이트와인이라고 생각해 주시면 됩니다.

loup★★★★

진판델은 매슥거려서 못 먹는데 왜 그럴까요?

답글달기   >

진판델은 저에게는 아주 황홀한 검은 잉크, 검은 보석 같은 포도입니다. 이탈리아에서 '프리미티보'라는 이름으로 태어나 미국에서 '진판델'이라는 이름으로 활약하고 있죠. 다만 진판델은 그 자체로도 과육이 아주 진하게 농익어 스스로 가지고 있는 포도의 당분이 높은 데다, 그 당분이 전부 알코올로 전환되면 강력한 파워를 가진 힘 센 와인으로 세상에 나올 가능성이 높습니다. 검붉은 과일 향이 얼마나 주렁주렁한지, 이 압도적으로 밀어붙이는 파워 댄스를 감당할 컨디션이 아니라면 '너무 과하게' 느껴질 수도 있어요. 혹시 '매슥거린다'라는 느낌은 그런 순간에 발생한 것은 아닐지 추측해 봅니다.

loup ★★★★

날이 더워지는데 와인을 김치냉장고에 보관해 두면 되나요? 실온에 그냥 둘까요?

답글달기　　　　　　　　　　　　　　　　　　　　　　　　　　　　　>

김치냉장고에 넣어두시면 됩니다. 와인을 보관하기에 최고의 장소 중 하나입니다. 혹시 실온에 두신다면 직사광선에 노출되지 않는 어두운 곳에, 코르크가 마르지 않도록 눕혀서 보관해 주세요. 펄펄 끓는 더운 보일러실에 보관하면 와인이 끓어 넘쳐 부쇼네로 이어질 가능성이 높습니다. 김치냉장고가 없다면 당연히 일반 냉장고에 보관하면 됩니다. 다만 레드와인의 경우, 드시기 30분 전에 꺼내서 냉기를 서늘함으로 높여둔 뒤 드세요. 차갑게 얼어붙은 레드와인은 아무리 좋은 와인도 빨간색 소주 맛이 납니다.

bbbai ★★

같은 와인인데 먹을 때마다 맛이 다르게 느껴지는 건 왜일까요?

답글달기　　　　　　　　　　　　　　　　　　　　　　　　　　　　　>

너무나 정확한 포인트입니다. 제가 와인 수업을 할 때, 같은 와인을 구매해 자택에서 드신 고객님이 "이상하다. 수업할 때 마셨던 거랑 맛이 달라요. 수업 때 마신 게 더 맛있었어요"라는 피드백을 주셨어요. 또는 여행지에서, 레스토랑에서 맛있게 마셨던 와인이 장소와 시간이 바뀌면 전혀 다르게 다가와 같은 와인 맞나 하고 갸우뚱하게 되는 순간도 있습니다. 사람의 미각과 후각은 너무나 상대적인 것이라, 절대적이지 않습니다. 아무리 비싼 와인도 위축된 자리에서 즐겁지 않게 마시면 맛이 느껴지지 않고, 정말 평범한 와인인데도 적합한 계절에 적합한 온도로 좋아하는 사람들과 먹으면 강렬한 기억이 되어 '절대적으로 맛있게' 느껴지기도 해요. 와인 맛과 향이 변하는 건 아닙니다. 다만 비 오는 날 오전 11시 우리 집 거실에서 마신 와인과 무덥고 화창한 여름날 오후에 야외에서 마시는 와인은 분명히 다른 느낌일 거예요.

그렇기에 와인을 맛과 향으로 추천해 판매하는 일을 지양하고 있기도 합니다. "이 와인은 꽃향기가 풍부하고 아주 부드러운 실크 같은 와인이에요"라고 판매했는데 고객님은 "타닌이 너무 강하고 억세던데요?"라고 느낄 수 있으니까요. 상대적인 힘을 가지고 있는 와인에 기준을 세운다면, 그건 와인 액체가 가진 고유의 맛과 향이 아니라 '어울리는 음식'이 되어야겠네요.

s__sk★★★★

달콤한 와인 좋아하는데 맛있는 모스카토 추천해 주세요.

답글달기   >

지난 여름에 판매했던 〈수박 스파클링〉이 모스카토다스티였어요. 올해도 수박와인, 참외와인, 복숭아와인, 딸기와인 소개를 목표로 하고 있습니다.

sexykitty★★★★

와인 입문을 어떻게 해야 할지 고민이에요. 요즘 부쩍 술에 관심이 많아진 스물세 살 대학생에게 와인은 너무 어려워요.

답글달기   >

와인도 소주도 맥주도 막걸리도 위스키도 전부 다 술이에요. 그런데 이상하게 와인만 공부해서 마셔야 한다는 강박을 우리 모두 가지고 있는 것 같아요. 소주는 싫어해요, 맥주는 배불러서 싫어요, 막걸리는 너무 좋아해서 만들어봤어요, 위스키는 좋아해요, 이렇게 대답하시면 되는데, 이상하게 와인만은 "몰라요"라고 답하신답니다. 신기하죠? 와인은 공부해서 마시는 술이 아닙니다. 좋아하면 마시면 돼요. 한 번 그 맛의 영역에 진입하면 그다음부터 세계가 확장되는 거니까요. 와인을 맛있게 마신 경험이 있느냐, 이게 전제조건이 되어야 합니다. 그러니 맛없는 와인을 경험하기 위해 노력하는 게 아니라면, 맛있음을 느끼기 위해 위키드가 제안하는 '떡볶이와 떡볶이 와인'을 먼저 드셔보시는 건 어떨까요? 그래도 맛이 없다? 그다음부터는 당당하게 "저는 와인은 싫어요"라고 대답하실 수 있을 거예요. 또는 반대로도요.

207★★★

와인 잘 따는 법이 궁금해요. 매번 코르크가 부서져요. 흑흑

답글달기   >

매번 코르크가 부서지는군요. 와인스크류에는 회오리 스크류가 달려 있는데, 그걸 코르크에 꽂을 때 수직으로 꽂지 말고 머리를 살짝 틀어서 45도 각도로 꽂아주세요. 그리고 수직으로 세웁니다. 이 순서를 잘 지키면 스크류가 옆으로 빠져나가는 게 아니라 정중앙으로 잘 꽂힙니다. 스크류를 넣고 뽑는 과정에서는 문제 상황이 별로 발생하지 않아요. 처음의 헤드 각도를 설정하는 일이 정말 중요합니다.

yulpil★★★★

알코올을 즐기는 룰이나 에티켓이 궁금해요! 술이라는 게 과하면 독이잖아요!

답글달기   >

① 실언하지 않기 위해 긴장감을 유지한다(양을 조절한다).
② 간 기능을 위한 건강보조제를 꼭 챙겨 먹는다.
③ 와인 마시는 자리에서 꼰대처럼 와인 이야기를 하지 않는다.
이 세 가지는 몸에 밴 습관 같아요. 말을 줄이고 지갑을 열려고 노력하고 있습니다.

binbbo★★★★

와인은 가격대와 맛의 완성도가 비례하는 걸까요? 실패할까 봐 너무 저렴한 와인은 도전하지 못하고 있어요.

답글달기   >

제 친구들 중에는 로마네콩띠나 몽라쉐만 마시는 부자 친구들이 참 많습니다. 시계도 자동차도 안 좋아하는데 신기하게 와인에는 돈을 안 아끼더라고요. 이런 케이스가 아니라면 모든 와인은 '함께하는 음식'이 당락을 결정짓습니다. 그래서 위키드가 제안하는 떡볶이와 떡볶이스파클링, 또는 주꾸미와 주꾸미화이트를 드셔보시면 답을 가늠할 수 있을 것 같아요. 어떤 점에서 저희 일상와인은 저렴하기는 하지만 또 어떤 점에서는 두부보다 비싸니까 사치품이기도 하거든요? 그런 상대적 기준을 둘 다 열어두고 주꾸미화이트와인을 구하신다면, 그 결과에 따라 두 가지 생각을 갖게 되실 것 같아요. "저렴한 와인인데도 맛있네" 또는 "와, 이 정도 와인이니까 맛있구나"죠. 와인은 상대적인 술임을 결코 잊지 마세요.

jimini★★★★★

내추럴와인 특유의 쿰쿰한 맛이 너무 마음에 들어. 혹시 쿰쿰한 일반 와인은 없나요?

답글달기   >

그 '쿰쿰함'이 시골 퇴비 또는 두엄의 뉘앙스가 맞다면, 이산화황이 들어간 프랑스 남부 론 지역의 레드와인을 드셔도 비슷한 경험을 하실 수 있습니다.

miii★★★

알코올 맛이 날카롭게 나는 와인은 저렴한 와인, 저품질의 와인이라서 그런가요?

답글달기 >

하나, 와인이 적확한 온도를 유지하고 있지 않을 때 강한 알코올 향이 올라옵니다. 아무리 유명한 샴페인이든 화이트와인이든 레드와인이든 미지근하게 상온에서 방치된 와인에서는 강한 알코올 뉘앙스가 올라와요. 상대적으로 냉장고에서 차갑게 움츠러든 와인은 오히려 알코올 뉘앙스가 나지 않습니다. 향이 단조롭게 느껴질 뿐이죠.

둘, 와인은 포도가 가진 당분이 알코올로 전환된 술입니다. 당도가 높은 양조용 포도로 만든 와인은 맛과 향의 스타일과는 별개로 강한 알코올이 먼저 다가올 수 있어요. 아주 잘 익은 버터와 파인애플 뉘앙스를 가진 미국 나파밸리 샤르도네 화이트와인에서 강렬한 알코올 뉘앙스도 함께 몰려오는 것과 같은 이치죠. 11도의 알코올을 가진 주꾸미화이트보다 14도의 알코올을 가진 미국 나파밸리 샤르도네 화이트가 훨씬 더 알코올릭하게 느껴질 수 있습니다. 그게 좋은 와인, 나쁜 와인을 나누는 기준은 결코 아니에요.

_jjoo★★★★

와인을 마시고 남으면 다음 날이나 다다음 날 마시기도 하는데 이러면 안 되는 건가요?

답글달기 >

세상에 무슨 말씀을. 당연히 됩니다. 저는 떡볶이스파클링을 7일 후에 먹었는데 시각적인 버블은 사라졌지만 미각 버블은 고스란히 남아 있었다고 릴스에 올린 적도 있어요. 완전히 맛이 가는 와인도 있을 수 있고, 놀라울 만큼 미라처럼 보존된 와인도 있을 수 있습니다. 맛이 갔는지, 보존되었는지, 판단은 여러분이 하시면 됩니다. 그걸 와인메이커가 의도했는지 아닌지는 와이너리에 이메일을 보내지 않는 이상 영원히 알 수 없어요. 그러니 기준을 타인과 세상에 두지 마시고 여러분의 혀 위에 두세요.

_soy★★★

와인을 공부하고 싶은데 내용이 너무 방대해서 어디부터 시작할지 모르겠어요. 어떻게 입문해야 할까요?

답글달기   >

《성문 기초영문법》과 《수학의 정석》을 통해 수능을 준비한 언니로서 조언드리자면, 역시 정공법이 최고입니다. 아래 스케줄표를 확인해 주세요.

프랑스 보르도 지역의 포도 품종을 외운다. 보르도 와인만 구매해서 맛을 익힌다.
프랑스 부르고뉴 지역의 포도 품종을 외운다. 부르고뉴 와인만 구매해서 맛을 익힌다.
프랑스 루아르 지역의 포도 품종을 외운다. 루아르 와인만 구매해서 맛을 익힌다.
프랑스 샹파뉴 지역의 포도 품종을 외운다. 샹파뉴 와인만 구매해서 맛을 익힌다.
프랑스 론 지역의 포도 품종을 외운다. 론 와인만 구매해서 맛을 익힌다.
남프랑스 지역의 포도 품종을 외운다. 남프랑스 와인만 구매해서 맛을 익힌다.

이 순서대로 격파하지 않고 이런저런 와인을 마시다 보면 결국 '마신 와인을 자랑하는 자리'에만 참석하게 됩니다. 맛의 황홀함과 즐거움을 경험하고 싶다면 공부는 필요 없어요. 높은 가격대의 와인을 점원에게 추천받아 구매하시고, 드시고, 느끼시면 됩니다.

하지만 공부하고 싶다는 뜻은 점원의 추천 없이 '내가 스스로 구매하고 싶다'라는 마음과 같습니다. 그러니 공부하실 분들은 빙 둘러 가지 마시고 전 세계에서 가장 중요한 나라와 지역, 포도 품종을 외우세요. 그리고 그 기간 동안에는 그 와인만 드세요. 그래야 그 포도 품종이 혀에 각인됩니다. 프랑스, 이탈리아, 스페인, 포르투갈, 독일, 호주, 뉴질랜드, 칠레, 아르헨티나, 남아프리카공화국. 대륙을 기준으로 보면 목차가 고작 열 개밖에 안 된다는 걸 깨닫게 될 거예요.

a_02★★★

저 친한 친구한테 사장님 추천했는데 다음 달에 결혼해서 기념품을 와인으로 정했대요! 대량 주문도 가능할까요?

답글달기 >

그날을 시작으로 두 분의 인생도 '일상'에 진입하는 거니까요! 일상와인만큼 더 좋은 선물은 없다고 생각해요. 감사합니다, 고객님(♥).

ssu★★★

내추럴와인과 일반 와인은 차이점이 뭘까요?

답글달기 >

내추럴와인과 일반 와인을 나란히 세우려면 일반이라는 단어를 '컨벤셔널'이라고 수정해야 합니다. 결국 둘 다 커다란 와인 카테고리에 속한 와인이에요. 유통되는 비싼, 정제된 와인으로 성장시키기 위해 어떤 와인메이커는 포도에 메이크업과 헤어 시술을 해왔습니다. 어떤 메이커는 그냥 그대로 두고 하늘과 땅, 비바람이 성장시키게 했고요. 내추럴와인과 컨벤셔널 와인의 차이는 맛이 아닙니다. 포도주의 원재료인 포도를 어떻게 성장시킬 것인지 와인메이커가 가지고 있는 포도철학을 들여다보셔야 해요. 그 결과를 마시는 우리는 다음과 같은 선택지를 가질 수 있습니다. ①양조자의 철학이 훌륭하니 맛 따위는 상관없이 내추럴와인만 마시겠어. ②내추럴와인은 쿰쿰해서 안 맞으니 컨벤셔널만 마시겠어. ③좋은 와인은 내추럴이든 아니든 또렷하게 특징을 가지고 있군. 그냥 맛있으면 다 마실 테다. 여러분은 어떠세요? 저는 ③번 유형의 인간에 해당합니다.

jiwonn★★★★

비빔면이나 라면에도 페어링이 가능한가요?

답글달기 >

팔도비빔면에 어울리는 와인으로 독일 라인가우 지역의 리슬링 화이트와인을 소개했었어요. 라면은 국물 요리죠? 국물에 와인이 희석되는 게 상식적으로 좋지 않은 일(비싼 와인을 희석해서 먹는 일)이기 때문에 저는 국물 페어링은 추천하지 않습니다. 잔치국수, 우동, 어묵탕도 마찬가지예요. 비빔면, 비빔냉면, 팟타이 같은 요리에는 얼마든지 가능하고요.

"우리 오래오래 같이,
먹던 거에 와인 마셔요!"

일상음식과 페어링하는 와인공식을 익히셨다면
이 책의 부록에 실린 〈먹던 거랑 먹는 와인 모의고사〉를 풀어보세요.

마법 거량 막는 와인 모의고사

정답표

문항 번호	정답	문항 번호	정답	문항 번호	정답	문항 번호	정답	문항 번호	정답
1	③	7	②	13	③	19	④	24	①	29	②
2	②	8	②	14	①	20	②	25	②	30	①
3	④	9	②	15	②	21	④	26	①	31	④
4	①	10	③	16	①	22	②	27	③	32	④
5	③	11	④	17	①	23	④	28	③	33	많음이
6	①	12	③	18	③	34	③				

프랑스 – 루아르 – 슈냉블랑

먹던 거랑 먹는 와인

초판 1쇄 인쇄 2025년 5월 19일
초판 1쇄 발행 2025년 6월 9일

지은이	이영지	**마케팅**	윤민영
펴낸이	이새봄	**디자인**	여만엽
펴낸곳	래디시	**교정 교열**	김민영

출판등록	제2022-000313호
주소	서울시 마포구 월드컵북로 400, 5층 21호
연락처	010-5359-7929
이메일	radish@radishbooks.co.kr
인스타그램	instagram.com/radish_books

ISBN 979-11-93406-09-0 (13590)

'**래디시**'는 독자의 삶의 뿌리를 단단하게 하는 유익한 책을 만듭니다.
같은 마음을 담은 알찬 내용의 원고를 기다리고 있습니다.
기획 의도와 간단한 개요를 연락처와 함께 radish@radishbooks.co.kr로
보내주시기 바랍니다.